Dogan Ozdemir

O aspeto do polimorfismo genético da heterose em Cucumis Sativus L.

AF666849

Dogan Ozdemir

O aspeto do polimorfismo genético da heterose em Cucumis Sativus L.

ScienciaScripts

Imprint
Any brand names and product names mentioned in this book are subject to trademark, brand or patent protection and are trademarks or registered trademarks of their respective holders. The use of brand names, product names, common names, trade names, product descriptions etc. even without a particular marking in this work is in no way to be construed to mean that such names may be regarded as unrestricted in respect of trademark and brand protection legislation and could thus be used by anyone.

Cover image: www.ingimage.com

This book is a translation from the original published under ISBN 978-620-2-06274-9.

Publisher:
Sciencia Scripts
is a trademark of
Dodo Books Indian Ocean Ltd. and OmniScriptum S.R.L publishing group

120 High Road, East Finchley, London, N2 9ED, United Kingdom
Str. Armeneasca 28/1, office 1, Chisinau MD-2012, Republic of Moldova, Europe
Managing Directors: Ieva Konstantinova, Victoria Ursu
info@omniscriptum.com

Printed at: see last page
ISBN: 978-620-8-59897-6

Copyright © Dogan Ozdemir
Copyright © 2025 Dodo Books Indian Ocean Ltd. and OmniScriptum S.R.L publishing group

ÍNDICE DE CONTEÚDOS

INTRODUÇÃO

Atualidade do tema: O polimorfismo pode ser identificado em diversos estágios de organização em plantas através da análise de caracteres morfológicos, fisiológicos, bioquímicos, citogenéticos, moleculares, etc. [23, 49, 63, 73, 94, 95, 112, 119, 122].

No aspeto fundamental, a investigação do carácter variável e do que determina o polimorfismo, pode contribuir para a identificação de marcadores genético-moleculares utilizados em análises genéticas e filogenéticas e para a elucidação dos limites potenciais da base com vista à sua capitalização na agricultura.

No aspeto prático, a análise do polimorfismo genético é primordial na preservação da biodiversidade e no melhoramento da heterose assistida por marcadores moleculares.

O fenómeno da heterose está difundido na natureza e continua a ser um dos melhores problemas actuais do melhoramento genético e contemporâneo. A seleção bem sucedida da heterose é determinada pela identificação e estudo de caracteres valiosos, incluindo a análise de caracteres legalmente complexos [28, 29, 31, 32, 36, 40, 41, 124, 108].

Por isso, a ênfase na constituição genética do organismo imediato em base fenotípica, como na utilização do DNA como unidade estrutural e função de ordenamento e das proteínas, como produtos da função, evitando encruzilhadas e longas ações de testes no campo, continua a ser uma das direções que se espera melhorar nas plantas de cultivo.

Na sequência do referido, **o objetivo do trabalho** consiste na identificação de caracteres genéticos e morfofisiológicos e específicos em diversos tipos de pepino - linhas (soja), espécies e híbridos F1 com diferentes produtividades e correlação com efeitos de heterose.

Para realizar este objetivo, é necessário atingir as seguintes metas

- análise da variável alguns índices morfológicos e índices fisiológicos na fase ontogenética (ciclo de vida de um único organismo) de três folhas reais;
- avaliação genético-molecular (quantitativa-nicel (um valor medido como quanto, quão rápido, quão profundo, quantos ou que concentração) e qualitativa (nitel-sem usar números ou medidas exactas,) aspectos de proteínas e ácidos nucleicos facilmente solúveis) em diferentes tipos de pepinos;
- estabelecimento de CCG e CCS e identificação do grau de correlação dos parâmetros morfofisiológicos com a produtividade;
- análise do polimorfismo (existência de múltiplos alelos de um gene numa população, que normalmente expressam fenótipos diferentes) RAPD-PCR (Random Amplification of Polymorphic DNApolymerase **chain reaction**) e correlação de genótipos específicos com híbrido vigoroso (forte e ativo física ou mentalmente).

A novidade dos resultados obtidos, a investigação simultânea de sete pepinos híbridos (F1) e formas parentais (linhas homozigotas ou espécies), permite elucidar uma elevada variabilidade específica, relacionada com o processo metabólico dominante na manifestação do vigor dos híbridos, bem como pôr em evidência determinados índices genético-fisiológicos e índices CCG e CCS associados à heterose.

Foi estabelecido que a superioridade do híbrido de primeira geração em pepinos é determinada pelo aumento do desenvolvimento vertical, ou seja, pela heterose vertical. Foi indicado que o aumento da produtividade, que enfatiza um alto grau de heterose, é determinado pela alta capacidade de acumulação de massa verde e massa seca, atividade de reação crescente, resultados que evidenciam a capacidade de adaptação crescente das plantas e o vigor do híbrido.

Na análise electroforética de base de proteínas e na análise RAPD-PCR foi identificado um elevado polimorfismo para os genótipos investigados, o que evidenciou particularidades específicas em grupos híbridos com uma produtividade diferente.

Suporte metodológico das investigações. O pressuposto científico aplicado na investigação de base, resulta do facto de que o crescimento e desenvolvimento das plantas, tal como qualquer outro organismo vivo, é determinado pela interação de diferentes sistemas de autorregulação, que se manifestam com processos metabólicos interdependentes presentes e correlações ao nível dos caracteres fenotípicos e que parcial e integralmente se devem associar ao efeito da heterose.

A utilização de genótipos de pepino, que na primeira geração são diferenciados através de vigor híbrido (alto e baixo), admitiria colocar em evidência certas diferenças morfogenéticas e moleculares em diversos genótipos homo e heterozigotos, o que incontestavelmente reflectiria e relação com a heterose.

A partir das datas existentes e do objetivo avançado foi elaborada uma investigação metodológica, foram utilizados métodos de investigação no laboratório de *segurança biológica* da Universidade Estatal da Moldávia.

Significado teórico e valor aplicativo da investigação. A identificação de particularidades morfofisiológicas e genéticas de linhagens de pepino com CCG e CCS específicas e a correlação destas com o efeito da heterose aumentam os conhecimentos teóricos no domínio da genética e do melhoramento em geral, e contribuem para o estudo aprofundado dos mecanismos que asseguram o vigor híbrido nas plantas cultivadas. O presente material evidencia o polimorfismo genético do material de melhoramento através da análise de caracteres a nível morfológico, bioquímico e molecular, resultados que podem ser utilizados com sucesso no processo de melhoramento, oferecendo a possibilidade de expetativa no efeito da heterose numa fase incipiente de crescimento das plantas.

Ao mesmo tempo, o trabalho no seu conjunto constitui um suporte científico e metodológico na lecionação de aulas de Genética e Melhoramento de plantas, bem como uma aula especial, para uma explicação mais detalhada dos fenómenos de heterose, podendo ser utilizado no ensino dos alunos. As linhas L 203 e L371 evidenciam valores superiores de capacidade combinatória perante o índice de investigação e são recomendadas para inclusão em processos de seleção de heterose.

Capítulo I. CONSIDERAÇÕES SOBRE OS DIVERSOS ASPECTOS DA HETEROSE FENOMENAL NAS PLANTAS

O fenómeno da heterose, que se difunde no melhoramento de diferentes culturas agrícolas, foi descoberto na maioria dos organismos com reprodução sexual. A investigação fundamental na elucidação das bases moleculares do efeito da heterose permitiu a obtenção de híbridos com elevada produtividade de milho [6, 63], sorgo [28, 57, 94], arroz [49], girassol [119], outras plantas [112, 113] incluindo pepinos [30, 66, 68, 69,70, 71, 72, 73, 76, 77, 80, 85, 95]. No plano funcional, através da manifestação de caraterísticas concretas do organismo, distinguem-se três tipos de heterose

- ***heterose reprodutiva*** - manifesta-se através do desenvolvimento intenso dos órgãos reprodutores, aumentando a fertilidade e a maior produção de semente, frutos, etc;
- ***heterose somática*** - proporciona um habitus glorioso, depois um desenvolvimento intensivo das partes vegetativas
- ***heterose adaptável*** - expressa através do aumento da vitalidade, resistência em condições desfavoráveis do meio, etc.

O valor económico da heterose pode ser considerado, mas é diferente em função do tipo de cultura agrícola. Na prática agrícola, um interesse diferente é representar a heterose reprodutiva, que em plantas agrícolas pode fornecer produtos crescentes em média com 30-50% do que as formas parentais, mas em algumas culturas mesmo com 50-70% [70].

1.1. *A noção de heterose e os pontos de vista sobre a utilização prática do fenómeno*

A apreciação do valor genético da heterose para a seleção é um dos problemas actuais da botânica aplicada, da genética e do melhoramento.

Por ***heterose*** (vigor híbrido) entende-se um fenómeno que consiste no aumento da igouração, viabilidade, capacidade de produção, adaptabilidade e outras caraterísticas económico-valiosas em organismos híbridos heterozigóticos F_1 em comparação com formas homozigotas e outras gerações [124, 126].

A palavra ***heterose*** foi introduzida na ciência pelo geneticista americano G. H. Shull em 1914, que estudou o problema dos híbridos de milho[144]. Mas, o fenómeno do vigor híbrido nas plantas foi apontado pela primeira vez no cruzamento artificial de duas espécies de tabaco:

Nicotina tabacum e *Nicotina glutinosa.* Os híbridos obtidos caracterizam-se por um aumento do vigor na primeira geração, expresso através do desenvolvimento de folhas de maior dimensão [61,100].

O efeito de aumento do vigor dos híbridos foi também observado por Ch. Darvin, que estudou a influência da autofecundação e da fecundação cruzada em diferentes tipos de plantas *(Brassica, Pisum, Primula, Zea)* e encontrou um evidente aumento da altura das plantas, da fecundação e da capacidade de produção dos descendentes obtidos através da fecundação cruzada e uma diminuição da altura e da produtividade das plantas em resultado da autopolinização. A intensificação destes parâmetros estabelece-se no caso de a autopolinização se repetir. Savant explica que o desenvolvimento luxuriante das plantas híbridas (aumento da vitalidade) é determinado pela deferência biológica dos gâmetas, que participam no processo de fecundação [109]

É necessário referir que nem em todos os casos a hibridação conduz ao aparecimento de heterose, pelo que os exploradores estudam a capacidade combinatória dos pares parentais na hibridação, estabelecendo a experiência ao nível da heterozigose. Em comparação com o cruzamento habitual, a heterose manifesta-se com intensidade máxima na F1 e reduz-se sensivelmente nas gerações seguintes, suprimindo-se totalmente até o organismo atingir o nível de homozigose inicial [61]. A heterose somática é mencionada no trabalho de I. V. Miciurin, que enfatizou os híbridos superpotentes da primeira geração e foi categórico contra a utilização na seleção de híbridos da segunda ou terceira geração. A heterose fixou-se através da recolha de sementes da primeira geração, heterozigóticas em relação às formas parentais, que em continuação se multiplicaram por apomixia, tentando manter a heterose na totalidade [114, 141,142].

A heterose evidencia-se após intensos processos metabólicos que são necessários na biossíntese de uma ou outra substância necessária à vida. Múltiplas investigações demonstram que os híbridos que manifestam efeito de heterose se distinguem pela intensa acumulação de substâncias orgânicas até ao estádio de frutificação, que depois são utilizadas como fonte energética para a formação de sementes e frutos, o que proporciona elevada produtividade das plantas [116]. O efeito do vigor híbrido manifesta-se, sobretudo, através de caraterísticas quantitativas maiores de alguns caracteres morfológicos (altura e diâmetro do caule, dimensão do inflorescente, das flores, folhas, frutos e sementes) e através de valores superpotentes de alguns caracteres fisiológicos (capacidade fotossintética, respiração, pressão osmótica, trocas energéticas, acumulação de substâncias pécticas, ativação de fermentos), que caracterizam em geral a produtividade das plantas, mas pouco reflectem a parte qualitativa e a relação dos componentes químicos da cultura [127]. As perspectivas de utilização prática do fenómeno da heterose dependem da elaboração de métodos rápidos e eficazes para estimar as linhagens perante a sua capacidade combinatória e critérios de seleção de heterose de planificação com vista ao aumento da cultura. Em relação a isto, bioquímicos e fisiologistas propuseram anteriormente uma série de métodos como o bioteste [125, 148, 149], estimar a heterose perante propriedades electrocinéticas do núcleo celular [149] ou selecionar combinações através da hibridação de concordância com ADN em regiões genéticas de base ativa de linhas genómicas [107] etc.

1.2. Função do aparelho genético na manifestação da heterose

O estudo do fenómeno da heterose representa um dos principais problemas da morfogénese das plantas de cultura. Este fenómeno constitui um processo biológico complexo com grande perspetiva no melhoramento de plantas. A heterose aparece e expressa-se na primeira geração de híbridos (F1) e diminui nas gerações seguintes [99], pelo que para a sua utilização na prática agrícola é necessário reproduzir no ano os híbridos F1 através de diversos esquemas semenológicos [105]. A partir deste facto distinguem-se alguns tipos de heterozigose:

- Heterose estável ou fixa ,
- heterose instável.

A heterose instável manifesta-se apenas na primeira geração antes do efeito diminuir quando a heterose estável se inclui na constituição homozigótica do organismo, fixa-se no sistema genético e torna-se um passo da evolução. Na visão de melhoramento das plantas é frequente encontrar heterose instável [42]. Através do estudo de base de savants é orientada a possibilidade de fixar este efeito numa geração seguinte [99]. O efeito da heterose é identificado no cruzamento de diferentes espécies e géneros, mas um efeito pronunciado pode ser enfatizado apenas em linhas de hibridação, precedendo o processo de endogamia. Por esta razão, a herozigose pode ser supervisionada e orientada a nível genético[36, 88]. É evidente que, no aspeto básico, a heterose é um processo geral do conjunto das interações intergénicas e plasmáticas, que no aspeto funcional apresentam efeitos estimulantes e inibitórios dos genes de manifestação, de complementação e de compensação e da sua posição. Em geral, todos os pressupostos da heterose de manifestação são corretos e cada um deles explica na sua essência um dos aspectos deste complexo fenómeno biológico [5].

Os primeiros pressupostos que contribuem para a explicação teórica do fenómeno da heterose foram expostos concomitante e independentemente em 1908 pelos savats americanos Shull e East, que referem que o vigor dos híbridos representa o resultado da heterose e das novas interações entre genes nos híbridos da primeira geração. Eles consideram que a hibridação com diferentes conjuntos de genes estimula o rápido desenvolvimento do embrião e a ulterioridade do híbrido [121].

Posteriormente, para a explicação do mecanismo de heterose e da depressão foi proposta uma série de hipóteses, que são discutidas há várias décadas. As hipóteses mais frequentes são: hipótese de dominação, superdominação, combinação de factores favoráveis dominantes e equilíbrio genético [42, 109, 115, 120]. Na literatura especializada é dada uma atenção especial aos aspectos genéticos da manifestação da heterose determinados diretamente pelo genoma nuclear - heterose genómica. No efeito de manifestação da heterose, caracterizado por índices morfofisiológicos, a parte importante volta-se para o sistema genético citoplasmático, que corresponde à heterose citoplasmática. Na sua base está o polimorfismo genético, citoplasmático, a estrutura dos plastídeos e mitocôndrias, a interação dos genes mitocondriais com os genes do núcleo e a interação dos plasmões com o genoma [44, 127, 138, 139].

Com o objetivo de elucidar a natureza da heterose, desde há alguns anos, foram efectuadas amplas investigações fundamentais dos processos que intervêm a nível molecular, as quais fornecem dados importantes com o exame da estrutura e função da ativação genómica dos híbridos heterozigóticos e das formas parentais [146], inclusive no que diz respeito a informações em particular sobre a ativação genómica e os seus locus antes da síntese intensiva de fracções separadas de RNA e mRMA [107] e que permitem estimar o efeito da heterose antes do aumento das quantidades de DNA nas células vegetais dos organismos [126, 130], estimar o efeito da heterose antes da intensidade do DNA de ligação [150], ativação mitótica, estimar a estrutura e ativação de locus do genoma antes da produção de proteínas e da sua expressão [101, 102].

A estimativa do efeito da heterose segundo os princípios propostos, diretos ou indirectos, reflecte os mecanismos moleculares do processo genético, que servem de padrão para a elaboração de métodos de prognóstico da heterose na seleção de base de formas parentais com elevada capacidade combinatória.

1.3. Aspectos fisiológicos e bioquímicos da heterose

Em conclusão, numerosas investigações foram dedicadas ao estabelecimento do papel dos processos de fotossíntese, respiração, ativação do fermento, mudança de energia, acumulação de substâncias nutritivas de reserva na manifestação da heterose [5, 31, 137].

Embrião, o efeito dominante da velocidade de crescimento, o crescimento intenso dos meristemas e a atividade fotossintética superior. Apesar de existirem muitos estudos que confirmam ou discordam desta teoria, até à data ainda não foram descobertas as regras gerais do processo metabólico que explicam a heterose . A maior parte dos pesquisadores sustentam que a aceleração do processo de crescimento dos híbridos, que leva ao desenvolvimento poderoso do organismo, deve-se à intensificação da síntese primária de ácidos nucleicos e proteínas, à modificação do estatuto das hormonas e dos germes, à ativação do metabolismo fosfórico, incluindo o energético. A investigação fisiológica provou que a consanguinidade prolongada causa depressão da fotossíntese - o principal fator de produtividade das plantas, especialmente para as linhas com baixa capacidade de combinação. Nalgumas espécies verificou-se a superioridade dos híbridos em relação às linhas de autopolinização de acordo com a intensidade da fotossíntese.

A análise comparativa do conteúdo de clorofila, caroteno, xantofilas e licopeno não enfatizou correlação bem definida entre os índices estudados na forma homo e heterose. Mas foi estabelecido, que o potencial de fotossíntese e a elevada colheita do trigo estão associados ao elevado teor de clorofila nas folhas e ao balanço moderado de CO_2 nas altas temperaturas de ação [104, 140]. Foi constatado que o relativo alto teor de clorofila nas folhas é uma caraterística dominante que está em correlação com a cor vermelha da espiga, mas a intensidade do metabolismo do CO_2 a altas temperaturas representa um carácter recessivo. Estes índices são combinados com a alta capacidade de combinação e são recomendados como critério na seleção de formas parentais [77, 130]. A alta produtividade dos híbridos também é determinada pela dimensão da superfície foliar. Normalmente, as plantas híbridas formam uma superfície foliar 1,5 vezes maior do que as formas iniciais [104, 117, 118]. Ao mesmo tempo, foi provado que nos híbridos com um elevado efeito de heterose o relatório de fotossíntese/respiração é maior [104].

As substâncias fisiológicas activas - auxinas, inibidores de giberelinas, etc. - têm uma importância especial na manifestação da heterose. As pesquisas de Kefeli V.I. mostraram que estes compostos são componentes importantes do sistema de regulação genética e que os híbridos com heterose acentuada criam um relatório equilibrado destas substâncias como resultado da formação de um genótipo mais equilibrado para o híbrido, provando a falta de superioridade dos híbridos heterozigotos de acordo com o conteúdo de uma ou outra substância ativa fisiológica[118].

Hotaleva L.B. e Titoc V.V. [147], analisando a dependência entre a massa da semente, as variações das biomassas das plantas e o conteúdo dos componentes do metabolismo fosfórico, fosfato inorgânico, nucleótido adenílico e ácidos nucleicos das fases iniciais da germinação das sementes, concluíram, com base nos índices pesquisados, a superioridade dos híbridos em comparação com as linhas homozigotas. Ao mesmo tempo, os híbridos se caracterizaram pelo intenso acúmulo de bioplasma e pela hidrólise ativa de proteínas na germinação. Após quatro dias de cultivo, nas sementes germinadas, no híbrido F1, os índices integrais do metabolismo energético (teor de ATP, soma de nucleotídeos adenílicos, carga energética e inverso do potencial fosfórico) foram maiores que os das linhagens iniciais.

Na maioria dos casos as plantas híbridas possuem atividade enzimática intermédia entre as formas parentais. Ao mesmo tempo foi atestada uma elevada atividade de algumas oxidorredutases e transerredutases e a intensificação da síntese de grupos macroergéticos nos híbridos [141, 142]. Alguns estudos provaram que as mitocôndrias das formas híbridas possuem um nível mais elevado de fosforilação oxidativa e de síntese de grupos macroenergéticos, assegurando condições favoráveis para os processos biossintéticos e servindo de estímulo para o aparecimento da heterose. Foi estabelecido que o elevado potencial redox dos órgãos generativos das formas parentais pode servir de critério de seleção destes após a capacidade combinatória.

1.4 Utilização de marcadores moleculares no melhoramento da heterose

O efeito da heterose é determinado pela herança de caracteres complexos (co-dominação e pleitropia). A partir destas considerações, o fenómeno pode ser estudado com a ajuda de marcadores, que são distribuídos de forma suficientemente uniforme no genoma e que podem ser representados por marcadores discretos, de tal forma que: izoenzimas, fragmentos de restrição do ADN, microssatélites de ADN, proteínas reservadas, etc. [125, 129]

Uma nova fase no aprimoramento da tecnologia em heterose seria a implementação de métodos que utilizassem os marcadores moleculares, que apontam a variação genética, sem estarem expostos às influências do meio ambiente [35, 82].Análises diretas de genes, carting de genoma, deteção e divisão de diferentes fragmentos de DNA nucléico, cloroplástico, ou mitocondrial, são métodos de precisão muito acurada e velocidade extremamente alta que não foi experimentada antes, representando os instrumentos mais valiosos para o estudo da diversificação genética, e também para a pesquisa de filo-gen, taxonomia, fluxo genético em população. Estes marcadores começaram a ser utilizados para a análise dos efeitos da seleção em populações de plantas [65, 69, 100,103]. A atividade funcional do genoma pode ser distinguida através da análise dos produtos primários da expressão dos genes - as proteínas (fig. 1.1) [15, 16, 122, 128].

As vantagens dos marcadores proteicos consistem no facto de poderem ser utilizados num largo espetro - desde espécies a grandes categorias taxonómicas. Ao mesmo tempo, para apreciação de variações genéticas no limite da espécie é mais conveniente a eletroforese de múltiplas proteínas (codificadas por genes diferentes) e o polimorfismo genético, codificado por genes polialelos [16, 122, 128].

Em regra, as combinações híbridas com efeito de heterose são criadas com base em linhas parentais com distinções essenciais de acordo com os espectros dos componentes das proteínas marcadas. A sua investigação cria esperanças para a elaboração de critérios eficazes de seleção dos pares e de métodos de previsão da heterose.

Como marcadores, são normalmente utilizadas as proteínas adicionais de sementes e izoenzimas. As proteínas de reserva são altamente polimórficas e refletem exatamente o polimorfismo alélico, contribuindo para enfatizar a variação em nível de família, genes, espécie, tipo e população híbrida

[126, 30]. Para além das proteínas de reserva, que representam a fração proteica maioritária nas sementes, destacam-se as proteínas biológicas activas e as proteínas estruturadas. As proteínas envolvidas no metabolismo ou na proteção da planta, muitas vezes, estão em quantidades muito pequenas nas sementes. A eletroforese de proteínas polimórficas e a análise de sementes, permitem a apreciação exata e total da população com indicação dessas freqüências, sendo utilizadas posteriormente na classificação de tipos, biótipos e linhagens.

As izoenzimas são consideradas marcadores bioquímicos muito importantes, que representam compostos primários da atividade genética e têm um controlo alélico simples, bi-alélico ou combinado [84, 86, 87]. A influência do ambiente não se manifesta nas izoenzimas, o que torna esses marcadores instrumentos muito precisos e rápidos, muito utilizados para estimativa da variação genética de plantas [1, 37, 45, 47, 98].

Desta forma, a elucidação dos mecanismos moleculares do fenómeno da heterose, com base nas mais recentes realizações genéticas, fisiológicas e bioquímicas das plantas, permitiria enfatizar as regras e manifestações de vigor dos híbridos e elaborar métodos de prognóstico da heterose, utilização prática e orientada deste processo.

1.5 Capacidade combinatória das linhas e sua função no melhoramento da heterose

No melhoramento de linhas consanguíneas de diferentes culturas agrícolas, apresenta especial interesse a possibilidade de determinação indireta da capacidade combinatória das formas iniciais com base em correlações de índices agronómicos entre os híbridos consanguíneos e os híbridos de primeira geração. A escolha das linhas, tipos e compostos para cruzamento depende principalmente da sua capacidade de assegurar a obtenção de híbridos com qualidades económicas valiosas, sendo a capacidade combinatória do material inicial determinante do efeito da heterose.

O efeito da heterose é estudado por meio da hibridação cíclica e da hibridação dialélica para a determinação das capacidades gerais de combinação e das capacidades específicas de combinação das formas parentais [2, 18, 19]. O objetivo do cruzamento dialélico é identificar as formas parentais que, após o cruzamento, resultariam na manifestação da heterose maior [144]. A capacidade geral de combinação (CCG) representa a capacidade das linhas de manifestar uma determinada produtividade em função das combinações possíveis, manifestada por valores médios dos índices pesquisados de todos os genótipos resultantes. A CCG das linhagens representa o critério básico para o cruzamento no processo de seleção, refletindo o comportamento médio de uma linhagem em todos os cruzamentos. Qualquer cruzamento tem um determinado valor, que é a soma das capacidades gerais de combinação das linhas parentais. O resultado da seleção, que reflecte o comportamento médio de uma linha em todos os seus cruzamentos. Um cruzamento tem um valor previsível, que é a soma das capacidades gerais de combinação das linhas parentais. O resultado dos cruzamentos pode atingir valores maiores ou menores em relação ao valor previsto e é chamado de capacidade específica de combinação.

A capacidade específica de combinação (CEC) representa a capacidade das linhas de realizar, no caso de combinações concretas, os resultados superiores ou inferiores dos parâmetros examinados, em comparação com o valor médio, obtido na análise de todas as combinações possíveis dessas linhas.

A partir do nível de manifestação de um carácter específico no organismo heterozigótico, considera-se que pode ser uma evidência de **heterose positiva**, quando a taxa de manifestação é superior em comparação com as formas parentais homozigóticas e **de heterose negativa**, quando o valor do índice é inferior às configurações iniciais.

Para a determinação da capacidade geral de combinação de linhas ou raças consanguíneas, com o objetivo de as estimar, utiliza-se nos cruzamentos um híbrido, uma raça, uma linha, com uma base hereditária vasta e bem conhecida. O algoritmo de determinação da CCG implica o estabelecimento da soma das produtividades dos híbridos e das linhas, a determinação da média da experiência de cruzamento superior, a determinação da produção de partida de um híbrido ou de uma linha de qualquer combinação híbrida em direção à produção média em q/Ha ou em percentagem. Muitos estudos provaram que as caraterísticas quantitativas e qualitativas dos híbridos da primeira geração estão na dependência direta das caraterísticas individuais das linhas iniciais, em cujos cruzamentos se obtêm as estirpes heteróticas com alta expressividade do efeito da heterose. O planeamento científico do processo de seleção com vista à obtenção de híbridos F1 com elevada produtividade, impõe a necessidade de determinar o carácter da interação dos genes, da capacidade de combinação das linhas parentais e a possibilidade de prever a capacidade de combinação emergindo daí a manifestação fenotípica do índice nas linhas iniciais. [106, 147]

Ficou estabelecido que as linhas consanguíneas de girassol que crescem raciosas, em geral, têm uma boa capacidade de combinação. Os autores observaram uma correlação positiva e significativa entre a percentagem de óleo, altura da planta, número de dias até à floração e tolerância à ferrugem das linhas consanguíneas e as mesmas caraterísticas nos seus híbridos em top cross, mas não encontraram uma correlação óbvia entre as linhas e a capacidade geral de combinação correspondente às sementes. Dados obtidos por Cloczowski em 1972 [13] provaram a existência de correlações estreitas entre as capacidades gerais de combinação de linhas consanguíneas de girassol e a sua produção de sementes.

Alguns autores [62] concluíram que os híbridos F1 apontaram uma maior correlação para a produção de sementes e quantidade de óleo com as linhagens maternas do que com as paternas. Outros autores, entretanto, concluíram que o desempenho das linhagens consangüíneas no quesito produção de sementes não prediz o seu desempenho em híbridos [46].

Assim, mesmo se a correlação geral entre a produção de sementes das linhas consanguíneas e dos seus híbridos está a ser reconhecida, a informação bibliográfica é contraditória, pelo que uma decisão completamente satisfatória sobre o valor combinatório de uma linha consanguínea pode ser tomada apenas testando-a em combinações híbridas experimentais.

A capacidade específica de combinação é determinada pela hibridação dialélica das melhores linhagens escolhidas de acordo com a capacidade geral de combinação, o que permite a apreciação da heterose hipotética, real e de competição. [133] refere que a capacidade combinatória é uma caraterística geneticamente determinada dos organismos com reprodução sexuada, que obedece às leis genéticas hereditárias e representa um objeto de investigação para a genética quantitativa. Considera-se que a capacidade geral de combinação é determinada pela ação aditiva dos genes, e a capacidade específica de combinação - pela *dominante* e/ou *epistasia* [18, 19].

Informações recentes sobre a ação dos genes implicados na fixação do azoto apontaram sobretudo para efeitos genéticos não aditivos. Numerosos estudos provaram que os índices agronómicos são determinados pela variação dos efeitos genéticos aditivos e não aditivos. Foi estabelecido que os valores de CCS são mais expressivos no caso de cruzamento de formas distantes em comparação com as geneticamente relacionadas [64].

1.6 Heterose em pepinos *(Cucumis sativus L.)*

A exploração do fenômeno da heterose com o objetivo de obter híbridos com alto valor comercial representa a prerrogativa do processo de seleção controlada em pepino. A análise de produtividade dos híbridos F_1 tem comprovado, na maioria dos casos, a superioridade destes de acordo com os índices pesquisados para os genitores, à razão percentual entre o valor do índice pesquisado para o híbrido F_1 e o valor médio do parâmetro obtido na análise de ambas as formas parentais que leva o nome de heterose [52,56,83].

O pepino *(Cucumis Sativus* L.) é um membro da família *Cucurbitaceae*, que inclui aproximadamente 90 géneros e 700 - 760 espécies. O género Cucumis, ao qual pertencem os pepinos, inclui aproximadamente 70 espécies. *Cucumis sativus* L. é originário da Índia ou do sul da Ásia [39].*Cucumis sativus* L. é diferente de outros membros de Cucurbitaceae pela presença de sete pares de cromossomas (2n=2x=14) [8].Comparativamente a outras culturas agrícolas, o pepino tem dimensões relativamente pequenas do ADN, o que torna a análise do genoma desta planta cultivada muito atractiva [23].Assim, o aumento da produtividade do pepino permanece, até hoje, um objetivo importante para o uso agrícola[73].

A produtividade do pepino foi consideravelmente reduzida até 1940 (-5% de aumento anual). A utilização de técnicas de cultivo no processo de melhoramento - a modificação do sexo das flores masculinas, o aumento do número de flores femininas e a introdução dos genes responsáveis pela resistência a doenças de variedades exóticas (por exemplo na China, Índia, Japão) permitiram triplicar a colheita de 4.076 (kg/ha) em 1920 para 12.550 (kg/ha) em 1980 e para -13400 (kg/ha) em [70].

Nos últimos anos, a produtividade do pepino em alguns países (como, por exemplo, nos EUA) aumentou consideravelmente (aproximadamente 100%) como resultado da melhoria das condições de cultivo [9,50] e da seleção das plantas de acordo com os caracteres responsáveis pela produtividade [87,78], e também como resultado da utilização de técnicas moleculares que permitiram aumentar a resistência do pepino a factores desfavoráveis e doenças [53,78,79].

Na Índia foram descobertas espécies selvagens de pepinos com cruzamento livre. Estas espécies têm a propriedade de produzir mais frutos na planta e diferem essencialmente das variedades de pepinos utilizadas atualmente em diferentes países. É oportuno transferir os genes responsáveis pela produtividade das espécies selvagens para as comerciais. Para completar esta difícil tarefa, é necessário determinar quais destas variedades são as melhores para cruzar com as espécies selvagens, com o objetivo de completar a transferência inicial [70].

Três linhagens de pepino *Cucumis sativus var. sativus* L. e uma linhagem derivada de *C. sativus var. hardwickii* (R.) *Alef.* foram incluídas em cruzamentos dialélicos com o objetivo de determinar a sua capacidade combinatória e apontar os caracteres correlacionados com a produtividade [38].

Foi estabelecido pelos índices crescentes pesquisados que a capacidade de combinação foi significativamente influenciada ($p < 0,05$) pelas condições médias. A capacidade geral de combinação foi significativa para todos os caracteres em todos os anos. A capacidade específica de combinação foi significativa para os caracteres examinados, com exceção do número de copas laterais e do número de flores femininas na planta. Os dados comprovam *a presença de Cucumis. sativus. Hardwickii* - derivado da linha *de cruzamento* WI 5551, possui capacidade específica de combinação para os caracteres responsáveis pela produtividade e pode ser utilizado para o melhoramento de pepinos comerciais [40].

A investigação do fenómeno da heterose em pepinos provou que a maioria dos caracteres que condicionam a produtividade têm um determinismo poligénico; isto torna impossível a análise e a descrição do efeito de cada poligenes separadamente, mas apenas ao nível de todo o complexo de genes que condicionam o respetivo carácter. Para o melhoramento prático, a expressão fenotípica de um carácter quantitativo depende mais do efeito cumulativo da interação dos genes com o meio e menos do efeito de alguns genes individuais [73].

As pesquisas fisiológico-bioquímicas e genéticas têm apontado alguns critérios eficientes para melhorar a produtividade das plantas com base em alguns índices relevantes. Foi estabelecido que, de todos os parâmetros pesquisados, o número de frutos é o índice mais estável que determina a produtividade das plantas, comparativamente com as dimensões dos frutos e o valor da colheita de uma planta. A produtividade de uma planta tem se correlacionado preponderantemente com a colheita de plantas para o ano seguinte, apontando para a necessidade de testar este índice em série [77]. Deve ser mencionado que as experiências em contentores de vegetação, baseadas na determinação do número de frutos numa única planta, não se correlacionaram positivamente com a produtividade geral no campo. Tendo em conta a complexidade da capacidade de produção, que é também influenciada por numerosos componentes (o número de frutos na planta, as dimensões do fruto, o número de flores femininas), é de referir que não existem genes com a capacidade de produção como propriedade intrínseca, mas apenas genes que condicionam a expressão fenotípica destes [27].

A capacidade produtiva é um carácter muito complexo que apresenta valores reduzidos de hereditariedade nas primeiras gerações, devido à parte considerável da variância genética representada pela dominância e epítase. Nas gerações mais avançadas a herdabilidade aumenta devido à grande contribuição que a variância aditiva tem na variância genética.

A pesquisa do DNA do pepino com a ajuda dos marcadores de DNA representa uma ferramenta biotecnológica eficaz para a pesquisa do fenómeno da heterose [69, 96, 97]. Os marcadores moleculares têm sido utilizados para o estudo complexo das relações entre genes, tendo sido encontradas algumas associações entre genes, implicadas na obtenção de colheitas elevadas de pepino [25]. Pesquisas para a comprovação da implicação destes marcadores genéticos na obtenção de colheitas e aumento da eficiência da cultura do pepino [97]. Pesquisas realizadas anteriormente apontaram a possibilidade de utilização de marcadores genéticos para o aumento da eficiência do cultivo do pepino e respetivamente para o aumento da colheita. [26, 69] Na sequência de algumas investigações recentes baseadas numa técnica de investigação muito moderna (método QTL), foram identificados loci situados em diferentes cromossomas com uma influência direta na capacidade de produção [15, 59].

A fim de aumentar a produção de pepino, foi utilizado um programa especial de melhoramento de plantas baseado em marcadores fenotípicos (PHE) e marcadores moleculares que auxiliam a seleção (MAS) para obter pepinos de grandes dimensões e com frutificação precoce [24 ,26]. Estes componentes importantes que determinam a produtividade da planta estão sob o controlo genético de alguns locos quantitativos (QTL). Após três ciclos de análise dos marcadores fenotípicos, a seleção ulterior baseada na MAS permitiu a identificação do híbrido com maior efeito de heterose, que foi utilizado para obter a geração de retrocruzamento, e os marcadores moleculares permitiram a identificação dos locos de caracteres quantitativos (QTL) que contribuem para a manifestação do vigor híbrido [60].

A análise estatística não mostrou diferenças significativas ($p < 0,001$) entre os recursos fenotípicos (BC2PHE = 3,02, BC3PHE = 3,29) e a seleção associada a marcadores (BC2MAS = 3,12, BC3MAS = 3,11) para o MLB (ramos laterais múltiplos). Os dados obtidos indicaram que o ciclo vital curto dos pepinos (4 meses), os marcadores ligados ao MLB e a utilização de marcadores MAS podem servir como um método eficiente para o melhoramento do pepino. O melhoramento baseado nos índices MAS foi muito eficiente para a avaliação das linhas, de acordo com os índices selecionados, da produtividade da planta [22, 56, 68]. Foi estabelecido que factores como a inibição da formação de frutos, as relações de interdependência e as correlações entre caracteres responsáveis pela produtividade determinam a quantidade de colheita obtida. Existem correlações estreitas entre o número de ramos laterais (MLB), expressão do sexo feminino, precocidade, relação entre o comprimento e o diâmetro do fruto, que representam caraterísticas importantes da produtividade do pepino [56, 67]. A heterose reprodutiva em pepino está associada com a correlação negativa decrescente entre o número de frutos na planta e o peso dos frutos, com a correlação negativa crescente entre a percentagem de frutos e ramos na planta e também entre as percentagens de flores femininas, com o valor crescente da correlação negativa entre o número de nós no ramo e o peso total dos frutos.A depressão *imbricada* foi associada à diminuição do valor das correlações negativas estritas entre a percentagem de frutos e o número de ramos na planta, bem como entre o número de nós no ramo e a massa total dos pepinos colhidos. As correlações estabelecidas foram associadas ao vigor das formas parentais e à depressão imbricada apenas no caso de cruzamento simples [56, 67].

A hibridação simples pode levar à obtenção de alguns genes valiosos por recombinação para melhoramento. Desta forma, foram obtidas numerosas espécies [25,81,91].

A hibridação complexa é frequentemente utilizada no melhoramento do pepino, porque permite a utilização de um vasto germoplasma num curto espaço de tempo e com baixos custos, estando disponível uma vasta experiência neste sentido [48, 56, 75, 89]. Este método tem sido aplicado na combinação de uma série de híbridos simples numa mistura complexa que foi denominada híbrido complexo ou população mista [56].

Os primeiros híbridos complexos foram obtidos a partir de híbridos simples, utilizando um número tão grande quanto possível de combinações entre um número limitado de progenitores, mas o número de recombinações resultantes era limitado pelas possibilidades genéticas dos progenitores. Posteriormente, este esquema foi modificado, criando assim uma possibilidade de reunião de genes valiosos utilizados a partir de todas as formas parentais [11, 74]. O retrocruzamento com todas as suas variedades, mas especialmente o em degraus, é frequentemente utilizado no melhoramento dos pepinos, porque permite a introdução de certas propriedades úteis no solo em que estas se encontram no vermelho. Este método é utilizado com sucesso para os tipos que têm um determinismo genético simples, controlado por um ou dois genes [37].

A hibridação ulterior representa uma forma de ampliar a variabilidade genética necessária para atingir alguns objectivos de melhoramento como a resistência a doenças e a factores desfavoráveis do meio [12]. A hibridação interespecífica e a intergenérica tornam-se os componentes básicos do processo de melhoramento, justamente no caso em que a variação das espécies cultivadas está esgotada, ou no caso em que alguns genes importantes (resistência a doenças, adaptação ecológica ou fisiológica) não estão presentes nessas espécies [96]. Assim, a heterose envolve múltiplos processos biológicos, que permitem interpretar este fenómeno, resultantes de natureza funcional, genética, bioquímica e evolutiva [74, 143]. A essência do fenómeno da heterose pode ser elucidada pela investigação relativa à estrutura e à atividade do genoma no híbrido heterozigótico, e da forma parental [23]. O sucesso na obtenção pelas habitações de alguma variação genética útil para o processo de melhoramento é determinado pela seleção da forma parental. Nesse sentido foram elaborados métodos mais analíticos da seleção genética, como são: o método dos "mínimos quadrados", o método geométrico e o método de análise canónica. O princípio básico desses métodos consiste na previsão das combinações futuras que foi o valor de padrão intermediário [10]. Também foi proposta a seleção dos genes através de uma hibridação entre um conjunto de solos com determinadas caraterísticas particulares e um conjunto de solos com elevado desempenho adaptativo [74].

Com tudo isto, a revelação do fenómeno natural da heterose nos pepinos obriga a continuar a realização de certas pesquisas fundamentais, a nível molecular, celular, a nível do organismo, como dos híbridos, o mesmo da forma parental.

Capítulo 2. CARACTERÍSTICAS DO MATERIAL E MÉTODOS DE INVESTIGAÇÃO

As investigações que foram efectuadas com o objetivo de determinar o grau de correlação de certos sinais fisiológicos e moleculares para o emprego dos mesmos na melhoria dos pepinos e no prognóstico da heterose, foram realizadas no decurso dos anos 2003-2007 no "Security Biologica" do centro de investigação laboratorial "Life Sciences, Biology Vegetala cathedra, The State University of Moldova.

2.1 As caraterísticas dos materiais utilizados na investigação

Foram utilizados sete híbridos de pepino (Cucumis sativus L.) e as suas formas parentais. O equipamento experimental foi oferecido pelo Instituto de formação de camiões e irrigação de Tiraspol (tab. 2.1).

Quadro 2.1 Estrutura genotípica dos híbridos dos pepinos utilizados na investigação.

Parental form	*Low productive hybrids*			*Homologated hybrids*		*High heterosis hybrid*	
	H 273	H 275	H 274	Vzglead	Epilog	H 6	H 7
♀	L 222	L 226	L 203	L 371	L 371	L 222	L 222
♂	L 203	L 203	L 216	Beregov oi	Favorit	Beregovoi	Favorit

A linha L 203 representa a forma parental dos três híbridos com elevada heterozigotia, tanto L 216 como L 222, e a última é a forma materna dos híbridos H 6 e H 7, juntamente com as linhas Beregovoi e Favorit, que representam a forma padrão dos híbridos homologados. Estas linhas formam um esquema dialélico incompleto.

2.2 Métodos de investigação

Para atingir o objetivo e os objectivos propostos neste trabalho foram estudados diferentes parâmetros fisiológicos *(a biomassa verde e seca, a superfície foliar, o volume do sistema radicular)* e bioquímicos *(a atividade dos catalisadores, a quantidade e a qualidade das proteínas, a quantidade e a qualidade dos ácidos nucleicos).*

Nas investigações fisiológicas foram pesquisados o material biológico em três folhas reais, mas as análises bioquímicas e moleculares foram efectuadas em plantas etioladas (isiksiz birakilmis) em cinco dias. As experiências foram efectuadas em três repetições biológicas.

2.2.1 Os métodos de determinação de alguns sinais fisiológicos

Os sinais morfo-fisiológicos foram determinados em conformidade com os métodos padrão [17]. O material experimental foi cultivado em vasos vegetais de 0,5 kg. Para garantir uma alimentação óptima das plantas foram introduzidos 7,3 g de KCl; 2,1 g de $NH4N0_3$ e 21,4 g de superfosfato em 10 kg de solo. A humidade do solo foi mantida a 80%.

A determinação da biomassa seca e fresca foi efectuada pesando o material vegetal fresco e o seco à temperatura de 100-105°C até atingir um peso constante.

A determinação da atividade dos catalisadores foi realizada pelo método gasométrico [17]

2.2.2. Determinação da quantidade de proteínas pelo método de Bradford

As proteínas foram precipitadas a partir de 0,1 ml de extrato com 0,05 ml de ácido tricoloracético a 15% (três repetições) à temperatura fria e depois separadas por centrifugação durante 10 min. a 8000 voltas/min. O precipitado purificado com 5% de TCA foi dissolvido em 0,5 ml de NaOH (0,3N). A interferência de 0,06 ml de solução de proteínas, 0,24 ml de NaOH (0,15N) e 3 ml de reativo de Kumasi, após 20 min de reação, foi neutralizada com 0,5 ml de HCl (0,3N). A concentração de proteína na solução foi determinada pela curva de etanol da albumina de soro bovino [7, 55]

2.2.3. Eletroforese das proteínas

Para a extração das proteínas solúveis totais destinadas ao estudo por meio de eletroforese unidimensional, procedeu-se à extração por via húmida, Tri-HCl pH=6,8 (em referência a 1 g de teste:5 ml). O sobrenadante foi submetido a algumas operações de precipitação com ácido tricloracético (TCA) e a lavagens repetidas com álcool etílico a 5%, acetona e éter, tendo cada uma destas operações sido sucedida por uma centrifugação de 10 minutos (centrifugadora tipo "MPW-310" Polónia) a 10000 rotações/min. O precipitado obtido foi seco ao vento e depois dissolvido (na proporção 10:1) em solução tampão Tris-HCl (pH=6,8) contendo 4,24% de SDS sacarina (cerca de 20%), 6% de P- mercapotental (v/v), 0,004 % de bromofenol.

Para a eletroforese total das proteínas foi utilizado o método de eletroforese em presença de SDS. A concentração do gel de separação das proteínas foi de 12,5%. Para um teste foram utilizados 15-20µl de solução proteica [54]. A separação electrofórica foi realizada a 30 mA, modelo de eletroforese ("Himifil AVGA-2" Estónia). Após a eletroforese, o gel foi transferido para operações de fixação e tingimento. Para determinar a massa molecular relativa das condições polipeptídicas separadas, procedeu-se à eletroforese de dois tipos de teste com cupons em termos idênticos com as sondas do estudo, ambos com a mesma massa molecular, conhecidos como: Protein Laders, "Fermentas" ,Alemanha (14 testemunhas proteicas com massa molecular incluída no limite de 10-200 kDa) e SDS Molecular Weight Markers, Sigma (lizocima - 14,3 kDa, P-lactoglobulinas - 18,4 kDa, tripsinogénio - 24,0 kDa, pepsina - 34,7 kDa, ovalbuminas - 45,0 , albumina sérica bovina - 66,0 kDa).

2.2.4. Quantidade de ácidos nucleicos pelo método do espetrofotómetro

Através da utilização de ácido proclórico, os ácidos nucleicos foram extraídos do material biológico, uma vez que este constitui um bom precipitante dos ácidos nucleicos e das principais proteínas e pode ser facilmente eliminado do extrato sob a forma de soro de potássio, sendo insolúvel, seguindo-se a hidroxilação dos polinucleótidos. Todas as operações são efectuadas à temperatura de 0-4°C.

O material examinado (0,5 g de massa vegetativa) foi transferido quantitativamente com 5 ml de solução de HClO4 0,2N para um tubo de ensaio centrífugo e centrifugado durante 10 min. (8000 tpm). O precipitado é purificado com HClO4 0,2N, duas vezes com interferência de álcool e acetona (1:1) e éter, sendo cada operação seguida de centrifugação. O precipitado é seco. O precipitado é hidrolisado em KOH 0,5N (10 ml: 100mg da massa restante no precipitado) a 37°C durante uma hora. Após a hidrólise, a suspensão arrefece e é centrifugada durante 10 minutos a 8000 tpm. O sobrenadante é recolhido e o sedimento é lavado duas vezes com 5-10 ml de KOH 0,5N, sendo de cada vez centrifugado durante 10 min. a 8000 tpm.

Adiciona-se HClO4 concentrado em centrifugação até à concentração final de 5% de ácido perclórico e deixa-se arrefecer durante 20-30 minutos. O precipitado formado contém ADN, HClO4 e algumas impurezas, permanecendo o ARN no sobrenadante. Após 30 minutos, os testes são centrifugados durante 15 minutos a 8000 tpm. O sobrenadante é recolhido num balão de 50 ml e o precipitado é lavado mais 2 vezes com 10 ml de HClO4 a 5%, após o que o sobrenadante é recolhido no mesmo balão. O balão é unido a um refrigerante, e toma um banho de 15 minutos com água (+70°C); depois de arrefecer é filtrado por um filtro de vidro nº 4, o volume total do sobrenadante é medido e utilizado para a determinação espectrofotométrica do RNA a λ=270nm e λ=290nm. O vale é HClO4 a 5%.

O precipitado que contém ADN é suspenso numa solução de HClO4 a 5% 10-15 ml, é introduzido num balão com refrigerante e hidrolisado num banho a (+90°C) durante 30 min., depois de arrefecer, é centrifugado. O sobrenadante é recolhido num tubo de ensaio graduado, e o precipitado é novamente ressuspendido pelo mesmo processo. Os sobrenadantes são unidos, vão sendo completados até um determinado volume, após este processo mede-se a densidade ótica em λ=270nm e λ=290nm.

A concentração do fosfórico (C) é calculada pela seguinte fórmula:

$$C_{NA} = \frac{(E_{270} - E_{290}) \times 10{,}3}{190},$$

C - a concentração dos ácidos nucleicos (mg/ml);
E - a densidade ótica da hidrólise;

Converter a concentração do fósforo nucleico em ácidos nucleicos concentrados, 10,1 para o ADN, 10,5 para o ARN e 10,3 para o NA.

$$C_{RNA} = \frac{(E_{270} - E_{290}) \times 10{,}5 \times V}{190 \times mass(g)} (mg/g)$$

$$C_{DNA} = \frac{(E_{270} - E_{290}) \times 10{,}1 \times V}{190 \times mass(g)} (mg/g)$$

V - o volume total do hidrolisador (ml) ng/µl.

2.2.5. Análises RAPD - PCR

Amplificação aleatória do ADN polimórfico - **reação em cadeia** da polimerase)

Nas análises de RAPD - PCR o DNA é utilizado como atributo do fungo, foi isolado com kit DNA reagent (Gibco BRL) de acordo com o protocolo proposto pelo gerador e pelo uso do método padrão com utilização de CTAB. O conteúdo foi quantificado por eletroforese e por medição espectrofotométrica, utilizando o espetrofotómetro NCT 90 (Engl.) [58]. O rácio de

$$\lambda_{260}/\lambda_{280}$$

encontrava-se no limite de 1,6-1,9 e o teor de ADN no teste variava entre 238-455 ng/µl.

A reação de PCR foi realizada em 25 µl de meio de reação: 50 ng de DNA, mistura de nucleotídeos dNTP, 200 pM de cada, 1 pM de primer (decamers, MWG-Biotech AG, Alemanha), 1,25 Unidade/por reação GoTaq Flexi DNA-polímeros em solução tampão concordante com pH 8,5 e MgCl2 2,5 mM. A aplicação foi efectuada com o termociclador Corbett, bloco de gradiente Palm Cycler (Austrália) com o seguinte programa: sofisticação a 95°C - 3min seguido de 45 círculos : 95° - 1min. , 36°C - 1min. , 72°C - 2min. e o alongamento final 72°C - 5min.

Os amplicões foram analisados por eletroforese em gel de agarose a 1,6% na presença de 0,5 pg/ml de bromo de etídio em solução tampão 1x TAE a uma intensidade de 93 V numa câmara de eletroforese Biocom (Rússia). Para a determinação da massa molecular relativa dos produtos, foi utilizado um teste com vales - 100 bp DNA Ladder (Promega).

Os amplicons obtidos foram designados de acordo com a designação do primer em associação com a dimensão do amplicon, por exemplo P3 $_{6800}$ - amplicon com dimensão de 800 pb obtido no resultado da PCR com o primer P36.

2.2.6. Determinação do CCG e do CCS

A capacidade geral de combinação e a capacidade específica foram calculadas pelo método padrão [92,93]. A capacidade geral de combinação (GCC) das duas formas foi calculada pelas fórmulas (1) e (2).

$$(1)\ \mathbf{GCC} = \bar{X}_{F1} - \bar{X}$$

Xpi- Média geral dos valores médios do parâmetro observados nos híbridos resultantes do cruzamento da forma materna com a forma paterna;

X - Média geral do parâmetro de todos os híbridos;

$$(2)\ \mathbf{GCC} = \bar{X}_{M1} - \bar{X}$$

, onde:

X_{Mi} - Média geral dos valores médios do parâmetro observados nos híbridos resultantes do cruzamento da forma materna com a forma padrão;

X - Média geral do parâmetro de todos os híbridos;

A capacidade específica combinada (SCC) foi calculada a partir da seguinte fórmula:

$$\mathbf{SCC_{11}} = \bar{x} - (\mathbf{GCC_{F1}} + \mathbf{GCC_{M1}} + \bar{X})$$

onde:

X - Valor médio dos parâmetros observados no híbrido;
CCG_{FI} - A capacidade geral de combinação da forma materna;
CCG_{MI} - A capacidade geral de combinação da forma paterna;
X - Média geral do parâmetro de todos os híbridos;

2.2.7. Estatísticas

O processamento matemático-estatístico dos dados experimentais (resultado dos 3 testes) foi efectuado pelo método padrão [111]. Foram calculados os seguintes parâmetros estatísticos: X - a média; V - variação (%); m_x - erro da experiência; -5)^ % - erro total;

RESULTADOS E DEBATES

Capítulo 3. VARIABILIDADE MORFO-FISIOLÓGICA E EFEITO DA HETEROSE EM PEPINO

O fenómeno da heterose representa um dos principais problemas da genética e da seleção geral. A utilização deste fenómeno biológico na prática caracterizou-se por um sucesso notável; (SIKses) no entanto, existem alguns aspectos que permanecem elucidados. (Ilusideit)

Neste trabalho, estudamos a primeira heterose das três conhecidas (somática, reprodutiva e adaptativa), aquela que inclui a intensificação dos processos de crescimento das partículas vegetativas da heterose. A essência do fenómeno da heterose pode ser elucidada no resultado de conhecimentos fundamentais não só por processos genéticos, mas também morfogenéticos. Neste contexto, é dada especial importância à análise das estruturas genéticas e das partículas morfogenéticas implicadas na manifestação do fenómeno da heterose. A importância deste fenómeno consiste no facto de as referidas partículas representarem o aspeto primordial nos estudos do tipo genético das espécies.

3.1. Limites de variação dos parâmetros morfo-fisiológicos

Acumulação de biomassa verde e seca em pepinos. Para determinar a cotação da heterose somática, ou seja, o crescimento intensivo das partes vegetativas é utilizada a prognose da mesma pelo método de determinação da biomassa verde e seca, pois este é um parâmetro importante que determina o aumento da produtividade da planta.

O resumo das pesquisas realizadas confirmou a idéia de que a intensidade da manifestação da heterose é diferente de uma combinação para outra. Utilizando os dados da tabela 3.1 observamos que no quadro de linhas homozigóticas, os genótipos padrão de maior heterose de produtividade e um de baixa produtividade têm os valores máximos de teor de biomassa verde.

Tabela 3.2. Variação dos parâmetros morfofisiológicos na planta *Cucumis sativus L.*

Nr.Parents	Genotype index	Parental lenght (cm)	Volume (cm^3)
1	**H 275**	18,83 ±1,5	2,5±0,2
	♀ L 226	14,5±1,3	1,5±0,1
	♂ L 203	17,13±1,6	2,0±0,2
2	**H 274**	17,35±1,5	3,5±0,2
	♀ L 203	17,13±1,5	2,0±0,2
	♂ L 216	16,7 ±1,1	2,6±0,2
3	**H 273**	14,73±1,2	3,0±0,1
	♀L 222	11,43±1,1	1,5±0,1
	♂L 203	17,13±1,2	2,0±0,1
4	**Vzglead**	18,35±1,5	2,5±1,2
	♀ L 371	15,73±1,2	2,0±1,2
	♂ Beregovoi	16,78±1,4	2,5±1,2
5	**Epilog**	16,97±1,3	2,3±1,2
	♀ L 371	15,73±1,1	2,0±1,2
	♂ Favorit	19,47±1,2	1,5±1,2
6	**H 6**	19,2±1,7	2,0±0,2
	♀ L 222	11,43±1,1	1,5±0,1
	♂ Beregovoi	16,78±1,2	2,5±0,2
7	**H 7**	16,79±1,2	2.0±0,1
	♀ L 222	11,43±1,1	1,5±0,1
	♂ Favorit	19,47±1,0	1,5±0,1

Os valores mínimos da altura de planta (11,43cm) são do genótipo materno L222, que representa a forma parental materna para três híbridos - H6 e H7 com baixa produtividade e H273 com alta produtividade. Comparando os valores da referida indicação entre as formas parentais homozigotas, observou-se que estas são as mais próximas da forma materna L203 (17,3cm) e da paterna L216 (16,7cm) que gera o híbrido de alta produtividade H274. As diferenças mais significativas foram detectadas nas formas parentais que formam híbridos de baixa produtividade.

O estudo comparou a altura plantulelor esses sete híbridos, não foi lançado um registo em legitate, que daria os valores de parâmetros associados à produtividade híbridos. Também não foi detectada uma expressão fina de legitate determinada no nível de heterose em comprimento de planta. No entanto, quatro dos sete híbridos possuem valores mais elevados deste índice em comparação com as formas parentais. Trata-se dos híbridos H 275, H 274, H Vzglead e 6. Na maioria dos casos, os híbridos possuem valores mais próximos aos do pater genotípico, exceto H 274 e Epilog.

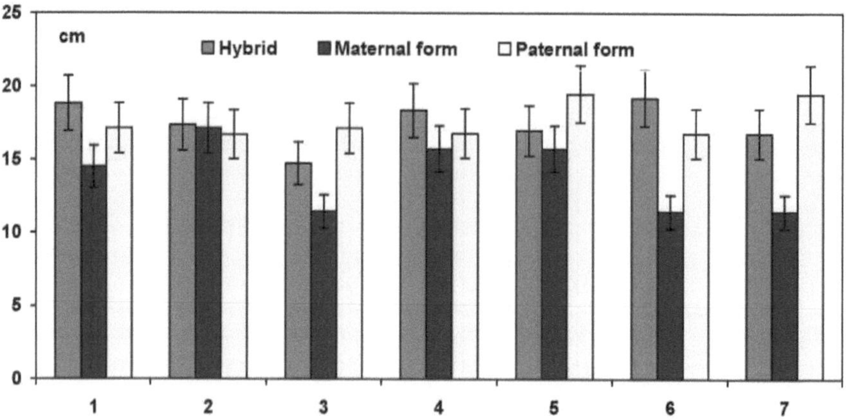

Figura 3.2. Variação do comprimento da planta lun(cm) em *Cucumis sativus* L.
[1-7]-Híbridos e linhas parentais mencionados no quadro.

A altura média (16,1 cm) da planta dos três tipos com alta produtividade e dos genótipos que compõem os híbridos homologados (17,17 cm) é maior em relação à média desse parâmetro (15,54 cm) calculada nos híbridos com baixa produtividade.

Volume do sistema radicular. Um dos principais factores que influencia a produtividade são as condições de alimentação das plantas com água e minerais que dependem do volume do sistema radicular. As condições de alimentação radicular representam o fator que influencia a fotossíntese, a intensidade dos processos de crescimento e, respetivamente, a eficiência de utilização das assimilações pelas plantas, o que se reflecte nos pepinos em final de ciclo.

O sistema radicular desempenha funções não só de assimilação mas também de minerais. A.L.Kursanov afirma que o sistema radicular participa ativamente na produção de aminoácidos utilizados na biossíntese de proteínas em diferentes outros órgãos da planta [132,134]. Na raiz, existem locais para a transformação do composto mineral do fósforo, que é utilizado na síntese de nucleoproteínas e lípidos que são enviados para diferentes órgãos com circuitos aferentes. Outros constituem que, no sistema radicular, são sintetizados os alcalóides e outros compostos. A atividade do sistema radicular reflecte-se no crescimento em altura e na ramificação do mesmo.

A determinação do volume do sistema radicular em genótipos de pepino, demonstrou que no caso das linhas homozigotas em cinco casos, a forma paterna registou valores maiores que a materna. As linhas homozigotas que geram o híbrido Epilog apresentam uma baixa inversa, as linhas paternas têm valores menores que as linhas maternas. Outra exceção são as caraterísticas das linhas paternas do híbrido H 7 que se caracteriza pelos mesmos valores do sistema radicular. (fig.3.3).

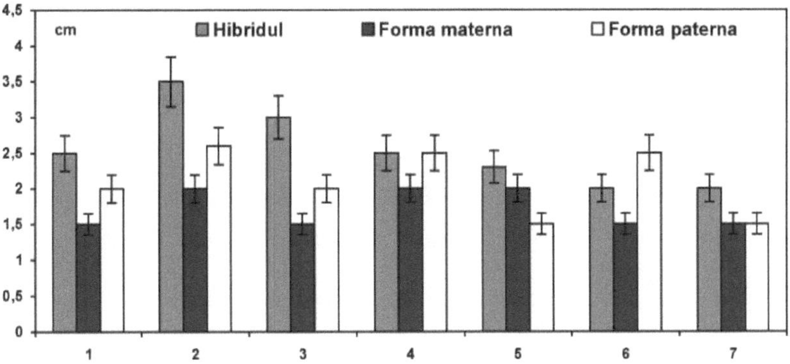

Comparando as linhagens homozigotas, observa-se que o valor máximo (2,6 cm^3) do parâmetro estudado é caraterístico da forma paterna L216, e o mínimo (1,5 cm^3) das linhagens maternas L226 e L222 e da paterna favorita, que é comum a híbridos com baixa produtividade.

A aprendizagem comparativa do volume do sistema radicular desses sete híbridos deduziu um baixo valor e o seu valor máximo é caraterístico dos híbridos com alta produtividade, depois deles seguem os híbridos homologados. Os dois híbridos com baixa produtividade registaram valores mais baixos. Os valores caraterísticos dos híbridos H273, H274 e H275 e do híbrido homologado Vzglead estão mais próximos dos valores que a forma paterna apresenta. Outro caso foi observado nos outros três híbridos. O híbrido homologado Epilog tem o volume do sistema radicular mais próximo da forma materna. O híbrido H6 registou um valor intermédio entre as duas formas paternas, mas o híbrido H7 apresenta a mesma diferença comparativamente à forma paterna, na medida em que têm os mesmos valores.

Calculando-se a média do volume do sistema radicular de cada híbrido e para cada categoria de híbrido, pode-se observar que os genótipos formadores de híbridos com alta produtividade apresentam valores máximos (2,29 cm^3), em seguida os que formam híbridos homólogos, que apresentam alta capacidade combinatória (2,12 cm^3), e por último os híbridos de baixa produtividade (1,83 cm^3).

Modificação da atividade da catalase em plantas de Cucumus stativus L. A catalase e a enzima estão presentes em todos os organismos aeróbios e a sua função primordial é decompor o peróxido de hidrogénio. Equação:

$$2H_2O_2 \rightarrow 2H_2O + O_2\uparrow$$

É importante observar que os catalisadores de diferentes origens têm propriedades físico-químicas semelhantes. Todos são hemoproteínas e contêm (Ferro-protoporfirina IX) como grupo prostático homínimo. O teor em ferro é de 0,09%, e uma molécula de catalisador contém quatro grupos prostáticos e tem a massa molecular de 240 kDa.

Até agora, os catalisadores tinham a função de decompor o peróxido de hidrogénio, mas certas pesquisas demonstraram que essas enzimas podem ser peróxidos, especialmente quando a concentração de água oxigenada é baixa.

A óxido-redução decompõe o peróxido de hidrogénio através da libertação de oxigénio atómico ativo, mas este mecanismo não está elucidado. Considera-se que, através da formação de compostos complexos intermediários, com três radicais livres, a peroxidase assegura a oxidação de alguns compostos biológicos como: ácidos dicarbónicos, ácido indolilacético, glutationa, etc. As peroxidases são enzimas básicas implicadas na degradação do AIA, regulando o nível de auxina nos tecidos. O aumento súbito da atividade da peroxidase nos tecidos das plantas foi assinalado naquelas que se encontravam em condições desfavoráveis. Pelos dados apresentados na Tabela 3.3. observa-se que as linhagens homozigotas apresentam uma legitimação estrita.

Tabela 3.3. Determinação da atividade da catalase em *Cucumis sativus L.* (mlO2/1min)

Nr. familiei	Indexul genotipului	$x \pm m_x$	σ	V%	$Sx_{\%}$
1	**H 275**	19,7±0,97	1,68	8,54	4,93
	♀ L 226	18,6±0,76	1,32	7,10	4,10
	♂ L 203	18,4±0,86	1,51	7,76	4,48
2	**H 274**	22,1±0,24	0,42	2,08	1,2
	♀ L 203	18,4±0,86	0,14	7,4	4,3
	♂ L 216	19,4±0,86	1,51	7,76	4,48
3	**H 273**	18,7±0,27	0,47	2,54	2,46
	♀L 222	19,0±0,75	1,3	6,84	3,95
	♂L 203	19,4±0,86	1,51	7,76	4,48
4	**Vzglead**	20,6±0,18	0,32	1,57	2,91
	♀ L 371	20,1±0,24	0,42	2,08	1,2
	♂ Beregovoi	19,4±0,86	1,51	7,76	4,48
5	**Epilog**	21,3±0,09	0,14	7,4	4,3
	♀ L 371	20,1±0,24	1,25	6,44	3,72
	♂ Favorit	18,7±0,71	1,22	6,54	3,77
6	**H 6**	18,1±0,71	1,22	6,08	3,51
	♀ L 222	19,0±0,75	1,3	6,84	3,95
	♂ Beregovoi	19,4±0,86	1,25	7,54	4,35
7	**H 7**	18,3±0,09	0,14	7,4	4,3
	♀ L 222	19,0±0,75	1,3	6,84	3,95
	♂ Favorit	18,7±0,71	1,22	6,54	3,77

Assim, em quatro dos sete genótipos, os maiores valores da atividade catalítica são caraterísticos das linhas maternas, e três genótipos paternos apresentam uma atividade enzimática superior à dose materna. Dentre todas as linhagens homozigotas, a propriedade máxima da atividade enzimática (20,1 ml O_2/1 min.) foi registrada pelo genótipo materno L371, que representa a forma materna comum para híbridos homologados. O valor mínimo do parâmetro pesquisado (18,4 ml O_2/1 min.) foi registado na linha materna L203, comum aos dois grupos de genótipos com elevada produtividade (fig.3.4.).

Tabela 3.8. Teores de proteínas totais em *Cucumis sativus L.* (mg/g de biomassa seca)

Nr. familiei	Indexul genotipului	Conținutul de proteine $x \pm m_x$	V%
1	**H 275**	137,5±2,01	0,60
	♀ L 226	210,83±3,02	11,30
	♂ L 203	174,17±2,84	2,30
2	**H 274**	256,67±3,21	10,00
	♀ L 203	192,50±2,92	4,50
	♂ L 216	174,17±2,84	2,30
3	**H 273**	192,50±2,92	4,00
	♀L 222	128,33±1,97	13,30
	♂L 203	174,17±2,84	2,30
4	**Vzglead**	155,83±2,59	1,50
	♀ L 371	119,17±1,80	18,00
	♂ Beregovoi	165,00±2,71	11,70
5	**Epilog**	229,17±3,10	1,00
	♀ L 371	119,17±1,80	18,00
	♂ Favorit	146,67±2,56	10,10
6	**H 6**	155,83±2,59	11,70
	♀ L 222	128,33±1,97	13,30
	♂ Beregovoi	165,00±2,71	11,70
7	**H 7**	137,50±2,01	1,00
	♀ L 222	119,17±1,80	13,30
	♂ Favorit	146,67±2,56	10,10

O valor máximo deste parâmetro é caraterístico do genótipo materno L226, e o mínimo do genótipo L 371, que é a forma materna dos dois híbridos homologados: Vzglead e Epilog. Se as formas maternas dos dois primeiros híbridos com elevada produtividade têm um teor de proteínas superior ao da forma paterna, então todos os outros genótipos registaram uma imagem inversa e exatamente todas as formas paternas são caracterizadas pelo maior teor de proteínas totais. O mais significativo entre as formas paternas foi marcado pelo híbrido H273 e Vzglead.

Comparando os sete híbridos, o maior teor de proteínas totais (256,67 mg/g de massa seca) foi encontrado no híbrido H274, e o menor (137,5 mg/g de massa seca) nos híbridos H275 e H7. Em seis destes sete grupos de genótipos, o híbrido apresenta valores dos parâmetros bioquímicos estudados mais próximos da forma paterna, relativamente à forma materna. Uma exceção é o híbrido H274. As diferenças mais significativas entre o genótipo híbrido e o parental foram registadas nos genótipos que formam o híbrido H274 e o Epilog. O teor de proteínas totais é maior nos genótipos formadores de híbridos com alta produtividade, depois nos genótipos sequenciais com híbridos homologados e, por último, nos genótipos formadores de híbridos com baixa produtividade.

O conteúdo dos ácidos nucleicos. A quantidade de material genético (ADN) e a estrutura do mesmo nos organismos vivos varia em grandes limites. Em geral, nos organismos avaliados, a quantidade de ADN e, respetivamente, de informação genética é maior do que nos organismos relativamente mais simples.

O resultado das nossas pesquisas revelou que o conteúdo de ADN no caso das linhas homozigotas incluía nos limites de 0,02 - 0,07 mg/g, com caraterísticas de valor máximo para a forma paterna L216, e o mínimo - para o genótipo paterno Beregovoi. Comparando os híbridos, observa-se que o H275 registou o teor mais elevado de ADN (0,1 mg/g) e o híbrido H273 o mais baixo (0,06 mg/g). Em comparação com o genótipo paterno, todos os sete híbridos apresentam grandes quantidades de ADN.

A determinação do teor de ARN em genótipos homozigóticos de pepino na fase de três folhas verdadeiras demonstra que o valor máximo (0,84 mg/g) é caraterístico do genótipo paterno L216, e o mínimo (0,72 mg/g) - genótipo materno L 203 (forma paterna comum a dois híbridos) e materno L203.

A estimativa do mesmo parâmetro bioquímico nos híbridos, permitiu-nos constatar que o H273 apresenta o teor mais elevado de RNA (1,01 mg/g), seguido de perto pelo H274 (1,002 mg/g). Os outros dois híbridos (H275 e Vzglead) apresentam um teor baixo de RNA, mas valores próximos (0,87 mg/g e 0,86 mg/g respetivamente). O híbrido homologado Vzglead representa o híbrido e os seus valores de conteúdo de ARN são os mais próximos do genótipo parental.

Os mínimos estáveis para cada tipo de ácido nucleico são também obedecidos pelo teor total de ácidos nucleicos. (tab.3.5.).

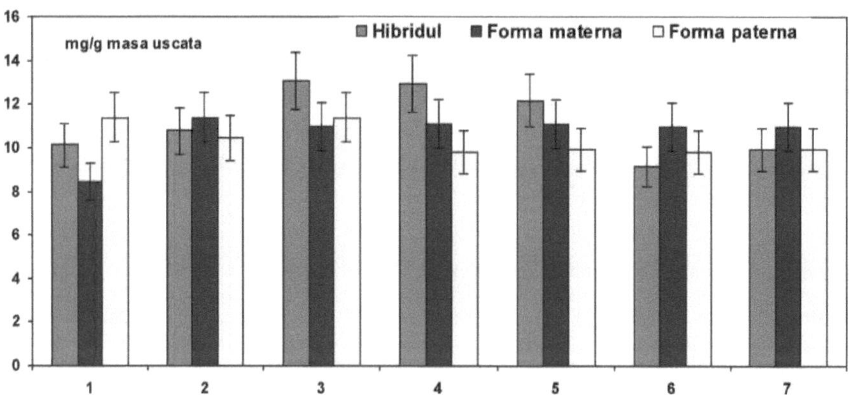

A partir dos resultados obtidos neste capítulo podemos dizer que na maioria dos casos dos parâmetros morfológicos analisados, as três primeiras combinações e seus híbridos apresentam-se maiores em valores respetivamente às formas testemunhas e híbridos com baixa produtividade. Assim o estudo comparativo do teor de biomassa verde e seca nesses sete híbridos, demonstrou que o híbrido com alta produtividade, H274 é caracterizado por valores máximos da biomassa verde (26,66g) e biomassa seca (4,35g). Os híbridos com baixa produtividade (H6 e H7) são caracterizados pelos menores valores dos dois parâmetros estudados. A altura média das plantas (16,1 cm) dos híbridos de alta produtividade e dos dois híbridos homologados (17,17cm) revelou-se, respetivamente, superior ao parâmetro médio (15,54cm), calculado nos dois híbridos de baixa produtividade. O estudo comparativo do volume do sistema radicular deduziu os valores máximos são caraterísticos dos híbridos de alta produtividade, após os quais se seguem os híbridos homologados. Os dois híbridos gerados a partir de linhas com baixa capacidade de combinação registaram valores mais baixos, relativamente aos outros híbridos.

A análise comparativa da atividade da catalase para a gama de híbridos selecionados, demonstrou o valor máximo (22,1 ml O_2/1 min.) no híbrido H274 e mínimo (18,1 ml O_2/1 min.) - no híbrido H6. Os genótipos que formam genótipos com baixa produtividade registraram valores baixos dos parâmetros bioquímicos pesquisados em relação a outros híbridos que apresentam alta produtividade.

Dentre os sete híbridos pesquisados, o maior teor de proteínas totais (256,67mg/g de massa seca) foi encontrado no híbrido H274, e o menor (137,5mg/g de massa seca) - nos híbridos H275 e H7. Em seis destes sete grupos de genótipos, o híbrido apresenta os valores do parâmetro estudado mais próximos da forma paterna, em relação à materna. Após o teor de proteína total, em primeiro lugar estão as combinações de híbridos e formas parentais, depois os híbridos homologados e, por último, os genótipos que geram baixa produtividade. Assim, o estudo dos parâmetros morfológicos relacionou a superioridade dos valores dos primeiros híbridos de pepino, após os quais se seguem os híbridos homologados e os híbridos de baixa produtividade.

3.3. A manifestação da heterose após a propriedade morfológica

Os aspectos funcionais da heterozigose nas plantas foram especialmente estudados por bioquímicos e fisiologistas em relação com a fotossíntese, a respiração, a atividade de diferentes enzimas, das substâncias biológicas activas, o metabolismo energético, a acumulação da substância de reserva e outros. Há muitas questões sobre a heterose.

A manifestação da heterozigose na relação entre a biomassa verde e seca. A acumulação de biomassa seca e verde representa uma das particularidades morfológicas básicas da produtividade da planta. A análise dos resultados obtidos no tempo da investigação efectuada permitiu fixar nos híbridos os valores contendo biomassa verde compreendida entre 14,98 - 26,66g e a seca - 1,4 - 4,37g.

O valor máximo em ambos os casos está no híbrido H274, que faz parte dos híbridos de alta produtividade, e o mínimo - híbrido H7, que representa um híbrido de baixa produtividade.

Comparando os valores de cada híbrido com a média das duas formas parentais de cada grupo genotípico, verificou-se que a maior diferença se registou no híbrido H 274, indicando assim a percentagem máxima de heterozigose após as propriedades mencionadas. A diferença mínima, mas positiva, entre o híbrido e a média das formas parentais é caracterizada pelo híbrido H6.

Tabela 4.1. ***Acumulação de biomassa verde e seca*** **em plantas de** ***Cucumis sativus L.***

Index genotype	Biomas green (g)	Heterozis (*relative to* parental average)	Heterozisul real (after the most productive parent)	Biomas dry (g)	Heterozisul (*relative to* parental average)	Heterosis real (*relative to* the most productive parent)
H 275	22,52	21,14	19,53	3,57	37,82	29,41
♀ L 226	17,40			1,92		
♂ L 203	18,12			2,52		
H 274	26,66	31,70	31,36	4,35	42,30	42,07
♀ L 203	18,12			2,52		
♂ L 216	18,30			2,5		
H 273	18,96	27,48	3,48	4,24	53.77	40.57
♀L 222	9,38			1,40		
♂L 203	18,12			2,52		
Vzglead	19,30	12.95	3.32	2,75	44.73	33.82
♀ L 371	18,66			1,82		
♂ Beregovoi	14,94			1,22		
Epilog	22,38	26.50	16.62	4,26	60.80	57.28
♀ L 371	18,66			1,82		
♂ Favorit	14,24			1,52		
H 6	15,02	19.04	0.53	1,60	8.75	5.00
♀ L 222	9,38			1,40		
♂ Beregovoi	14,94			1,52		
H 7	14,98	21.16	4.94	1,40	27.14	12.85
♀ L 222	9,38			0,82		
♂ Favorit	14,24			1,22		

Entre as formas parentais, em cinco das sete combinações, foi aprovada maior produtividade para as formas parentais, uma exceção são os genótipos que formam os híbridos homologados Vzglead e Epilog, para os quais as formas maternas possuem valores maiores que o genótipo paterno em relação ao teor de biomassa verde. Depois de efetuar uma análise comparativa entre os valores dos híbridos e o genótipo parental mais produtivo, observamos que a percentagem de heterose é máxima também no híbrido H 274, e mínima no híbrido H 6, que tem um teor de massa verde muito próximo (15,02 g) relativamente ao seu valor na forma paterna (14,94 g).

O teor de biomassa seca registou na sua forma paterna valores que se situam nos limites: 0, 82 g (♀ L 222) e 2, 52 g (♂ L 203, ♀ L 203), sendo que para os híbridos, o valor máximo foi registado no H 274, e o mínimo no H 7. A maior percentagem da heterose hipotética (60, 80) foi determinada no híbrido homólogo Epilog, e a menor (8, 75) no híbrido com baixa produtividade H 6 (tab. 3.7.).

Como era de esperar, todos os híbridos manifestaram heterose positiva para ambos os parâmetros estudados (biomassa verde e seca), mas os três primeiros híbridos e os híbridos homólogos representaram uma percentagem de heterose significativamente maior em relação aos híbridos com fraca produtividade (H 6 e H 7), tanto após a média dos seus progenitores como após o progenitor mais produtivo (fig. 3.6.)

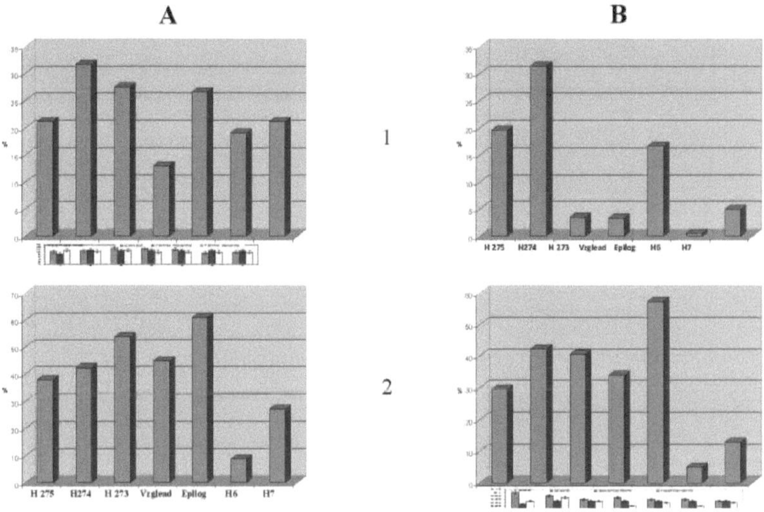

Figura 3.6. A heterose hipotética (A) e real (B) 1 - biomassa verde; 2 - biomassa seca

Um dos parâmetros morfofisiológicos analisados foi o comprimento das plântulas de pepino criadas até o estágio ontogenético com 3-4 folhas verdadeiras. A análise deste parâmetro para as formas parentais mostrou que as caraterísticas mais elevadas (19, 47 cm) são as do genótipo paterno favorito, que é comum a dois híbridos: um Epilog homologado e outro com fraca produtividade - o híbrido H 7.

Em contrapartida, as plântulas com menor altura (11, 43 cm) foram as da forma materna L 222, que é comum a três híbridos: um híbrido com alta produtividade (H 273) e dois híbridos com fraca produtividade (H 6 e H 7). De todos os híbridos, as plântulas H 6 apresentaram valores máximos (19,2 cm) para o parâmetro estudado, apesar de este híbrido ser de fraca produtividade, e os valores mínimos (14,73 cm) foram registados no híbrido H 273.

Tabela 4.1.2. A variação **de algumas caraterísticas morfofisiológicas** na planta ***Cucumis Sativus L.***

Indexul genotipului	Lungimea (cm)	% de heterozis ipotetic	% de heterozis real	Volumul sistemului radicular (cm³)	% de heterozis ipotetic	% de heterozis real
H 275	18,83	16,01	9,03	2,5	30,0	20.0
♀ L 226	14,50			1,5		
♂ L 203	17,13			2,0		
H 274	17,35	2,51	1,27	3,5	34,29	25,71
♀ L 203	17,13			2,0		
♂ L 216	16,70			2,6		
H 273	14,73	3,05	-16,29	3,0	41,67	33,33
♀L 222	11,43			1,5		
♂L 203	17,13			2,0		
Vzglead	18,35	11,42	8,56	2,5	10,0	0,00
♀ L 371	15,73			2,0		
♂ Beregovoi	16,78			2,5		
Epilog	16,97	-3,71	-14,73	2,3	23,91	13,04
♀ L 371	15,73			2,0		
♂ Favorit	19,47			1,5		
H 6	19,20	26,54	12,6	2,0	0,00	-25,00
♀ L 222	11,43			1,5		
♂ Beregovoi	16,78			2,5		
♀ L 222	11,43			1,5		
♂ Favorit	19,4			1,5		
	7					
H 7	16,79	7,98	-15,96	2.0	25,00	25,00

Tabela 4.1.3: Atividade catalítica para *Cucumis Sativus L.*

Indexul genotipului	X ± m_x (ml O_2 / 1 min)	% de heterozis ipotetic	% de heterozis real
H 275	19,7±0,97	6,09	5,58
♀ L 226	18,6±0,76		
♂ L 203	18,4±0,86		
H 274	22,1±0,24	14,5	11
♀ L 203	18,4±0,86		
♂ L 216	19,4±0,86		
H 273	18,7±0,27	0	-1,02
♀L 222	19,0±0,75		
♂L 203	18,4±0,86		
Vzglead	20,6±0,18	16,7	6
♀ L 371	20,1±0,24		
♂ Beregovoi	19,4±0,86		
Epilog	21,3±0,09	10,56	8,92
♀ L 371	20,1±0,24		
♂ Favorit	18,7±0,71		
H 6	18,1±0,71	-5	-5
♀ L 222	19,0±0,75		
♂ Beregovoi	19,4±0,86		
H 7	18,3±0,09	3,01	-3,83
♀ L 222	19,0±0,75		
♂ Favorit	18,7±0,71		

O híbrido H 273 com as formas parentais ♀L 222 e ♂L 203 não manifestou heterose real e possui uma atividade catalítica intermédia (18, 7 ml O2/l min.). O híbrido H 6 registou uma heterose negativa tanto em relação à média parental (19, 2 ml O2/l min.) como em relação ao parental mais produtivo ♂ Beregovoi (19, 4 ml O2/l min.). Também uma heterose negativa (-1, 02 e -3, 83 %) em relação ao parental mais produtivo manifestou os híbridos H 273 e H 7 (tab. 3.8., fig. 3.8.). O híbrido homólogo Epiglot tem a maior percentagem de heterose (8, 92) em relação ao progenitor mais produtivo (20, 1 ml O2/l min.) (♀L 371).

Generalizando os dados obtidos quanto à manifestação da heterose após os índices morfofisiológicos, observa-se que na maioria dos casos, os híbridos com alta produtividade manifestaram heterose positiva significativa, mas os híbridos H6 e H 7 - heterose positiva fraca ou mesmo negativa. De todos os parâmetros morfofisiológicos estudados, a altura das plântulas é o índice mais significativo na manifestação da heterose.

3.4. A manifestação do efeito da heterose após os índices núcleo-proteicos.

A ativação da síntese de proteínas nos híbridos, em relação aos genótipos parentais iniciais, é um dos mecanismos que proporciona, a nível molecular, a manifestação do efeito da heterose. As proteínas, especialmente as proteínas de reserva, afectam o crescimento e o desenvolvimento do organismo nas fases iniciais da ontogénese.

Para observar uma relação entre o teor de proteínas e o efeito da heterose, determinou-se o ***teor de proteínas totais*** extraídas das folhas de plântulas *de Cucumis sativus L* que atingiram o estádio de três folhas verdadeiras. De acordo com os dados obtidos, foram observadas diferenças significativas entre as formas parentais e entre estas e os seus híbridos. Os valores para este índice situam-se nos limites 119, 7 - 192, 5 mg/g para as formas parentais e 137, 5 - 256, 97 mg/g para os híbridos (tab. 3.9.).

Epilog	15,50	12,87	2,45	12,17±0,28	13,60	8,87
♀ L 371	15,12			11,09±0,32		
♂ Favorit	11,89			9,94±0,25		
H 6	12,75	-2.63	-3,37	9,12±0,14	-13,76	-20,39
♀ L 222	13,18			10,98±0,17		
♂ Beregovoi	12,99			9,77±0,15		
H 7	11,29	-11,03	-16,74	9,91±0,14	-5,45	-10,60
♀ L 222	13,18			10,96±0,17		
♂ Favorit	11,89			9,94±0,15		

Quadro 4.7 Teor de proteínas totais de *Cucumis sativus L.*, (mg/g de massa seca)

Indexul genotipului	**X ± m$_x$ (mg/g)**	**% de heterozis ipotetic**	**% de heterozis real**
H 275	210,83±1,02	13,04	8,69
♀ L 226	174,17±2,84		
♂ L 203	192,5±2,92		
H 274	256,67±3,21	28,57	25,0
♀ L 203	192,5±2,92		
♂ L 216	174,17±2,84		
H 273	207,17±2,84	24,78	7,08
♀L 222	119,17±1,8		
♂L 203	192,5±2,92		
Vzglead	177,89 ± 2,01	23	12,40
♀ L 371	119,33±1,97		
♂ Beregovoi	155,83±2,59		
Epilog	229,17±1,54	42	36
♀ L 371	119,33±1,97		
♂ Favorit	146,67±2,01		
H 6	155,83±2,59	12	0
♀ L 222	119,17±1,8		
♂ Beregovoi	165,12 ± 2,71		
H 7	137,5±2,01	3.3	-6,67
♀ L 222	119,17±1,8		
♂ Favorit	146,67±2,56		

Os resultados da pesquisa comprovaram que todos os sete híbridos estudados manifestaram uma heterose positiva em relação à média dos parentais. O valor máximo para este índice foi registado pelo híbrido homólogo Epilog (42, 0%), e o mínimo pelo híbrido de baixa produtividade H 7 (3, 3 %). Quanto à percentagem de heterose em relação ao parental mais produtivo, o híbrido de alta produtividade ocupou o primeiro lugar (25,0%), sendo seguido pelo híbrido homólogo Vzglead (12,4%). Os híbridos com baixa produtividade H 6 e H 7, que possuem o genótipo materno comum ((♀ L 222) possuem um teor intermediário de proteínas em relação às suas formas parentais (fig. 3.9.).

O híbrido H 6 com um teor de proteínas de 137,5 mg/g registou uma heterose negativa (-

0,067%) em relação ao progenitor mais produtivo "Favorit (146,67 mg/g).

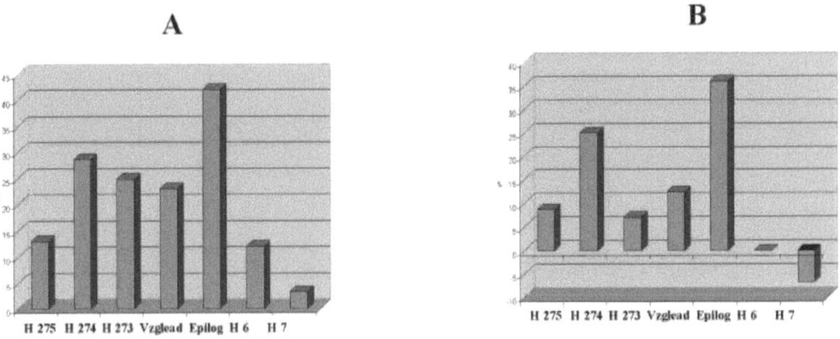

Figura 4.7: Efeito da heterose ao nível do teor de proteínas totais
A - *relativamente à* média parental; B - *relativamente ao* progenitor mais produtivo.

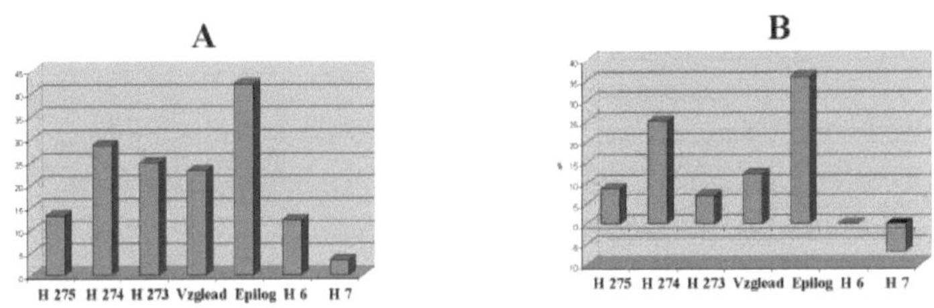

Figura 4.7. Efeito da heterose no nível de condicionalidade da proteína somada:
A - parinfilor dupa media; B - parinte dupa cel mai performant

Outro parâmetro nucleoproteico foi o ***conteúdo de ácidos nucleicos*** (DNA e RNA). Muitos investigadores aperceberam-se que as formas parentais para os híbridos diferem na intensidade de síntese de RNA ribossómico e não ribossómico. [149, 150] determinaram que a atividade nucleónica é mais elevada nas células de plantas e animais que manifestam o efeito de heterose.

Os resultados da nossa pesquisa sobre o conteúdo total de ácidos nucleicos (tab. 3.10.), também, confirmam que na maioria dos híbridos com alta produtividade observamos o efeito da heterose. Assim, os híbridos H 275 e H 273 registaram valores máximos para a percentagem de heterose relativamente ao progenitor mais produtivo, sendo seguidos pelos híbridos homologados Vzglead e Epilog (fig. 3.10.). O híbrido de fraca produtividade H 7 regista valores muito próximos da sua forma materna, fazendo assim uma diferença pouco significativa (tab. 3.10.).

A regra observada para o conteúdo total de ácidos nucleicos também funciona para o conteúdo de ADN e ARN separadamente (tab. 3.9.). Assim, em relação à média parental, todos os sete híbridos manifestaram uma heterose positiva. Os valores do teor de ADN situam-se entre 0, 02 e 0, 07 mg/g subs. pr. {mg por g de substância produzida (provavelmente)} para as formas paternas e entre 0, 05 e 0, 12 mg/g subs. pr. para os híbridos. O híbrido com conteúdo máximo de ADN foi H 275 e o mínimo - H 7. Também registaram as diferenças máximas e mínimas em relação à média parental. O híbrido com produtividade fraca não manifestou heterose em relação ao parental mais produtivo, pelo que apresentou o mesmo teor que a forma materna (0,05 mg/g subs. pr.)

Tabela 4.8. Teor de ácidos nucleicos em *Cucumis sativus L.*

Indexul genotipului	X ± m$_x$ (mg/g)	% de heterozis ipotetic	% de heterozis real
H 275	0,99±0,08	17,17	13,13
♀ L 226	0,858±0,07		
♂ L 203	0,78±0,07		
H 274	1,082±0,09	22	14,81
♀ L 203	0,78±0,07		
♂ L 216	0,91±0,07		
H 273	1,07±0,09	24	20,56
♀L 222	0,85±0,08		
♂L 203	0,78±0,07		
Vzglead	0,925±0,09	8,11	8,60
♀ L 371	0,85±0,08		
♂ Beregovoi	0,845±0,07		
Epilog	0,98±0,09	24,49	13,27
♀ L 371	0,8±0,08		
♂ Favorit	0,63±0,07		
H 6	0,92±0,08	8,70	8,70
♀ L 222	0,84±0,08		
♂ Beregovoi	0,845±0,07		
H 7	0,86±0,06	14,53	2,33
♀ L 222	0,84±0,08		
♂ Favorit	0,63±0,07		

Como era esperado, a quantidade de RNA excede significativamente a quantidade de DNA em todos os genótipos de pepino pesquisados. As formas parentais registaram valores compreendidos nos limites 0, 59 - 0, 84 mg/g subs. pr., e os híbridos - 0, 81 - 1, 01 mg/g subs. pr. O híbrido com o teor máximo de ARN foi o H 273, que manifestou o nível mais elevado de heterose relativamente à média dos parentais e ao parental mais produtivo (fig. 3.10., tab. 3.11.)

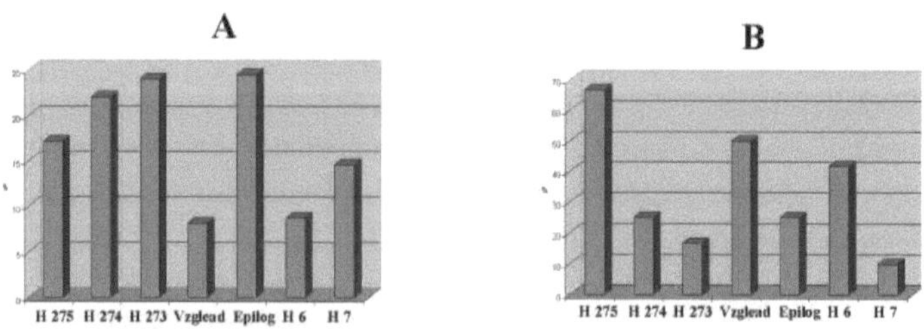

Figura 4.8. Efeito da heterose em F1 ao nível do teor de ácidos nucleicos: A - *relativamente à* média parental; B - *relativamente ao* progenitor mais produtivo.

Tabela 4.9. Conteúdo de ADN e ARN de *Cucumis sativus L.*

Indexul genotipului	DNA $X \pm m_x$ (mg/g)	% de heterozis ipotetic	% de heterozis real	RNA $X \pm m_x$ (mg/g	% de heterozis ipotetic	% de heterozis real
H 275	**0,12 ± 0,008**	66,67	58,33	**0,87 ± 0,02**	10,92	5,7
♀ **L 226**	0,03±0,007			0,83±0,01		
♂ **L 203**	0,05±0,001			0,72±0,08		
H 274	**0,08 ± 0,001**	25,0	12,5	**1,00 ± 0,02**	22,0	16,0
♀ **L 203**	0,05±0,001			0,72±0,08		
♂ **L 216**	0,07±0,002			0,84±0,12		
H 273	**0,06 ± 0,002**	16,67	16,67	**1,01 ± 0,03**	25,25	21,78
♀**L 222**	0,05±0,001			0,79±0,02		
♂**L 203**	0,05±0,001			0,72±0,08		
Vzglead	**0,07 ± 0,002**	50,0	28,57	**0,86 ± 0,02**	5,81	4,65
♀ **L 371**	0,05 ± 0,001			0,80 ± 0,06		
♂ **Beregovoi**	0,02±0,001			0,82±0,07		
Epilog	**0,06± 0,001**	25,0	16,67	**0,92± 0,03**	24,46	13,04
♀ **L 371**	0,05 ± 0,001			0,80 ± 0,06		
♂ **Favorit**	0,04 ± 0,001			0,59 ± 0,01		
H 6	**0,06 ± 0,002**	41,67	16,67	**0,86 ± 0,01**	6,40	4,65
♀ **L 222**	0,05 ± 0,001			0,79 ± 0,02		
♂ **Beregovoi**	0,02 ± 0,001			0,82 ± 0,07		
H 7	**0,05±0,001**	10,0	0	**0,81±0,02**	14,81	2,47
♀ **L 222**	0,05±0,001			0,79±0,02		
♂ **Favorit**	0,04±0,001			0,59±0,01		

Dos resultados obtidos a este índice, podemos referir que todos os sete híbridos manifestaram heterose positiva em função do teor de biomassa verde e seca. Os híbridos dos três primeiros híbridos com alta produtividade e os híbridos homologados em relação aos híbridos com fraca produtividade (H 6 e H 7) representaram uma percentagem de heterose significativamente superior quer em relação à média dos parentais quer em relação ao parental mais produtivo.

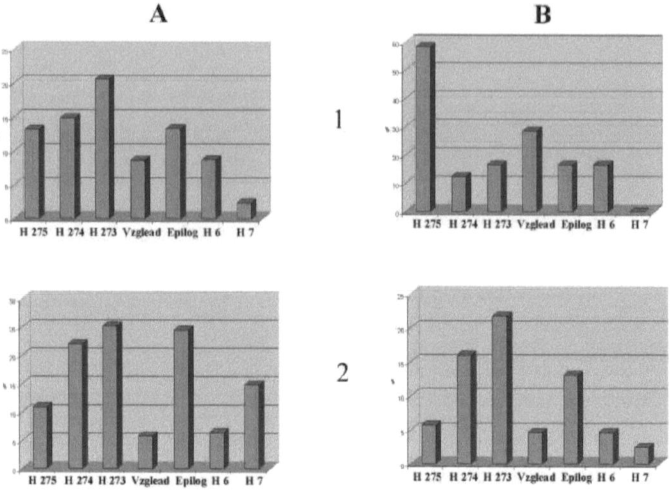

Figura 3.11. A percentagem de heterose relativa a
A - média dos pais; B - o pai mais produtivo

Ao nível do teor de proteína total, todos os híbridos *de Cucumis sativus L* pesquisados manifestaram heterose positiva em relação à média dos parentais, estabelecendo-se valores máximos para os híbridos com alta produtividade e para os híbridos homologados, após o que surgem os híbridos com fraca produtividade.

É necessário mencionar que, provavelmente, o efeito da heterose nas plantas de pepino é determinado pelos diferentes níveis de expressão dos genes, pelo que as particularidades do conteúdo de ácidos nucleicos nas combinações híbridas devem ser consideradas como razões importantes para este fenómeno.

Capítulo 4. CÁLCULO DA CAPACIDADE DE COMBINAÇÃO PARA DIFERENTES GENÓTIPOS DE PEPINO.

A identificação e seleção das linhas parentais são necessárias nos programas nacionais de melhoramento com o objetivo de obter híbridos com alta produtividade e potencialmente enriquecer o germoplasma com diferentes genes utilizados na seleção. As informações sobre os diferentes tipos de interação gênica, a magnitude relativa da variação genética e da capacidade combinatória são representadas por parâmetros vitais importantes para a elaboração de novos tipos de pepino [20,21]. Esta informação valiosa pode representar uma estratégia essencial para os trabalhadores que tentam melhorar os genótipos de pepino e encontrar a combinação parental mais adequada e a descendência mais competente.

A investigação do efeito da heterose depende principalmente do teste e da seleção do germoplasma disponível, que poderia produzir melhores combinações de novos caracteres importantes. Muitas espécies comerciais ou híbridos de elevado desempenho agronómico são obtidos com grande dificuldade devido aos obstáculos genéticos na maioria das combinações de cruzamentos. Assim, o cruzamento em esquema de dialelos é o único método preciso de avaliar o material de melhoramento e ajuda a identificar e selecionar o material genético melhorado [33,34].

A hibridação é o principal método de melhoramento das plantas, sendo seguida da seleção dirigida das plantas e da sua valorização em função da descendência obtida. Um papel especial tem a identificação das formas que pertencem ao diverso material inicial definido tanto com um conjunto de caraterísticas valiosas como com a capacidade de transmitir esse conjunto à descendência. Este tipo de cruzamento conduzirá à transgressão desejada. Um dos métodos de análise de top-crosses que permite a pesquisa de caraterísticas genéticas para qualquer tipo e consiste em determinar a capacidade de combinação [43].

Os conceitos de capacidade de combinação geral e específica foram feitos durante a pesquisa dos híbridos de milho. Experimentalmente foi comprovado que a capacidade de combinação das espécies representa uma natureza hereditária [14,90].

A capacidade geral de combinação (CGC) é o valor principal do tipo (linha) nas combinações híbridas e varia de acordo com o valor do desvio principal do carácter de todos os híbridos obtido com a ajuda desta forma parental em relação à média comum (tomada para todos os híbridos).

A capacidade específica de combinação (CEC) é a noção que caracteriza os cruzamentos separados, quando algumas combinações se revelam melhores ou menos boas, em relação às esperadas com base nas caraterísticas médias das linhas parentais, estabelecidas pela determinação da capacidade geral de combinação [110].

A capacidade de combinação é o principal critério que permite estimar o grau de utilidade das formas parentais, melhorando assim a heterose. As perspectivas de descoberta do fenómeno da heterose estão associadas ao desejo de encontrar métodos rápidos e precisos de estimar a capacidade de combinação das linhas e de prever o efeito da heterose.

A eficiência neste domínio depende principalmente da disponibilidade do material inicial com importantes caracteres biológicos, agrícolas e técnicos. A importância das linhas e das variedades é determinada pela sua capacidade de produzir, através do cruzamento com outras linhas, uma descendência com maior ou menor grau de heterose. Ao estimar a capacidade de combinação das linhas parentais, o investigador pode prever os resultados de outros cruzamentos futuros e pode concentrar-se no material principal, poupando assim o tempo e as finanças necessários para testar os híbridos que não têm importância prática.

Existem vários métodos para determinar a capacidade de combinação das formas principais, como o cruzamento seguido de testes da descendência híbrida, a análise de dispersão, etc.

Além disso, foi elaborado um dispositivo pragmático e metódico [145] que caracteriza a eficiência dos modelos genético-matemáticos de estimativa e previsão do efeito da heterose através da determinação da capacidade geral de combinação (GCC), da capacidade específica de combinação (SCC) e do potencial de efeito da heterose para as combinações (HEPC). Também foi criado e implementado um software para estimar e prever a produtividade das plantas com base nos métodos CCG e CCS, facto que aumentou consideravelmente a eficiência na produção de híbridos altamente produtivos com efeito de heterose garantido.

Na pesquisa das particularidades fisiológicas e bioquímicas do processo de produção de híbridos produtivos e de formas parentais *Pisum sativum L* foi elaborada uma forma de controlar os processos de indução da heterose em híbridos e de elaborar um sistema de critérios para prever com precisão a superioridade do efeito da heterose. Foi elaborado um modelo estático que serve de base para a estimativa justa do material inicial na seleção prática da heterose [135].

Foi suficientemente estudada a análise de dispersão, que permite desintegrar a variedade de genótipos na variedade geral de capacidade de combinação, que é determinada principalmente por: o efeito aditivo na interação dos genes, a variedade de capacidade de combinação específica (que depende dos genes com efeito de dominância e epistasia), e a variedade de efeitos recíprocos.

Para os híbridos da 1ª geração, o valor médio é determinado por um método muito mais complicado e depende dos seguintes parâmetros:

1. o efeito da heterose média (heterose dos progenitores intermédios) ou o domínio médio (incompleto) (h), que é determinado como a diferença entre os valores médios após todas as combinações híbridas F1 e o nível médio dos progenitores.
2. os efeitos da capacidade geral de combinação para a linha „i", são iguais à manifestação média do carácter nas combinações híbridas em que o genótipo em causa é apresentado.
3. a capacidade específica de combinação, igual ao desvio nas somas mútuas, que não são descritas nos efeitos gerais de capacidade de combinação.
4. os efeitos mútuos. Estes últimos são decompostos em dois efeitos: o efeito mútuo médio da linha "i", que é igual às diferenças entre a manifestação média do efeito da heterose nas combinações híbridas, onde a linha é utilizada como materna e paterna, e o efeito residual mútuo igual aos desvios que não são considerados juntamente com os efeitos mútuos médios [133]

A capacidade de combinação representa o principal critério que permite estimar o grau de utilidade das formas parentais para melhorar a heterose. As perspectivas de descoberta do fenómeno da heterose estão associadas ao desejo de encontrar métodos rápidos e precisos de estimar a capacidade de combinação das linhas e de prever o efeito da heterose.

Neste trabalho são recolhidos e processados os dados experimentais que descrevem o efeito da heterose em função de muitos outros caracteres morfológicos, fisiológicos e bioquímicos para algumas combinações híbridas de pepino *(Cucumus sativus L)* com diferentes produtividades (tab. 4.1.).

Tabela 4.1. A produtividade das explorações médias, comerciais e padrão em diferentes genótipos de pepino.

Hibrid ul	Productivitatea								
	Medieaverage			Comercială			Standard		
	C/ha	% *face St1*	% *face of St2*	*C/ha*	% *face of St1*	% *face of St2*	*C/ha*	% *face of St1*	% *face of St2*
H 275	310	142,9	155,0	223	112,6	131,2	212	114,6	132,5
H 274	240	110,6	120,0	214	108,1	1245. 9	194	104,9	121,3
H 273	260	119,8	130,0	212	107,1	124,7	189	102,2	118,1
Vzglea d	217	100,0	108,5	198	100,0	116,5	185	100,0	115,6
Epilog	200	92,2	100,0	170	85,9	100,0	160	86,5	100,0
H 6	195	89,9	97,5	170	85,9	100,0	160	86,5	100,0
H 7 *	185	85,3	92,5	160	80,8	94,1	145	78,4	90,6

Três dos sete híbridos estudados (H275, H274, H273) caracterizam-se por um elevado nível de colheita (143%, 111%, 120% em relação ao híbrido Vzglead e 155%, 120%, 130% em relação ao híbrido Epilog - híbridos homologados, que serviram de testemunha), enquanto dois híbridos (H6 e H7) - com um baixo nível de colheita (89%, 85% em relação ao Vzglead e 97%, 92% em relação ao Epilog).

É importante referir que a linha L203 representa uma forma parental dos três híbridos altamente heterozigóticos juntamente com as linhas L216 e L222, sendo esta última também uma forma materna para os híbridos H6 e H7 juntamente com as linhas Beregovoi e Favorit, que representam a forma paterna dos híbridos homologados. Consequentemente, a capacidade geral de combinação (CGC) é diferente da capacidade específica de combinação (CEC) para as linhas parentais.

A partir destes dados, os índices de variação genética, registados na análise de cada carácter, foram incluídos num conjunto de operações matemáticas que permitiram realçar o CCG e o CCS juntamente com os efeitos recíprocos para o conjunto dos 12 caracteres morfofisiológicos e bioquímicos nos diferentes híbridos da primeira geração, podendo ser colocados num diagrama incompleto (tab. 4.2.)

Tabela 4.2. Esquema de análise do dialelo incompleto, utilizado na experiência

Indexul liniei	L 222	L 371	**L 203**	**Beregovoi**	**Favorit**
L 222			H273	H6	H7
L 371				Vzglead	Epilog
L 203	X				
Beregovoi	X	X			
Favorit	X	X			

4.1. Investigação da CCG para diferentes tipos de genótipos de pepino.

Nos anos 2005-2007 foi pesquisada a capacidade de combinação das variedades e híbridos de pepino em função de 11 caracteres morfológicos e 4 bioquímicos.

Os resultados referentes aos efeitos da capacidade geral de combinação de diferentes tipos de pepinos com os índices morfofisiológicos de alguns parâmetros como o volume do sistema radicular (0,38), a massa seca (0,94) revelaram os valores mais elevados para o genótipo L203, sendo seguido pelo L371 de acordo com o CCG do volume do sistema radicular (0,03) e a massa seca (0,54) (tab. 4.3.).

Tabela 4.3. CCG em diversos genótipos de pepino após seus índices morfofisiológicos

Indexul liniei	*Volumul sistemului radicular*	*Masa verde*	*Masa uscată*	*Lungimea plantei*	*Activitatea catalazei*
L 222	-0,04	-2,41	-0,55	**-0,47**	-1,18
L 371	**0,03**	**2,12**	**0,54**	0,28	**1,39**
L 203	**0,38**	**2,02**	**0,94**	**-0,60**	-0,35
Beregovoi	-0,12	-1,56	-0,78	1,39	-0,20
Favorit	-0,22	-0,04	0,13	-0,50	0,24

A capacidade geral de combinação para a massa verde, a atividade de catálise e o comprimento da planta foram os mais elevados para o genótipo L371, assim CCG para a massa verde (2,12), para a atividade de catálise (1,39), o comprimento da planta (0,28), sendo seguido pelo L203 com CCG e respetivamente, para a massa verde (2,02), para a atividade de catálise (-0,35), o comprimento da planta (-0,60). Os valores negativos da capacidade geral de combinação para o comprimento da planta nos genótipos L203 (-0,60), L222 (-0,47) e favorito (-0,50) são caraterísticas positivas, pois hoje as plantas com comprimento reduzido são as preferidas para melhoramento.

Os valores mais baixos de CCG dos índices morfofisiológicos foram registados em L222, assim, para a massa verde (-2,41), para a massa seca (-0,55), para a atividade de catálise (1,18), para o comprimento da planta (-0,47), para o volume do sistema radicular (-0,04) e no genótipo Beregovoi para a massa verde (-1,56), para a massa seca (-0,78), para a atividade catalítica (-0,20), para o comprimento da planta (1,39), para o volume do sistema radicular (-0,12), e provavelmente não têm grande importância no melhoramento. A pesquisa dos caracteres morfofisiológicos da linha L371 comprovou a superioridade desta de acordo com a capacidade geral de combinação em dois caracteres: a massa verde e a atividade de catálise (tab. 4.3.). A linha L203 demonstrou um efeito CCG elevado para o volume do sistema radicular e para a biomassa verde. O tipo Beregovoi, que serviu de testemunha, caracterizou-se por uma elevada CCG para o comprimento da planta.

Os efeitos da combinação geral-capacidade para o teor de proteínas, os genótipos L203 (23,21) e L371 (17,74) revelaram valores positivos, mas L203 (23,21) excedeu todos os genótipos neste índice. Uma análise pormenorizada das linhas de pepino utilizadas no melhoramento revelou valores negativos do efeito CCG nos genótipos L222 (-18,95), Beregovoi (-18,93) e Favorit (-2,45).

No caso do CCG para os ácidos nucleicos, L203 provou a sua superioridade (0,08), sendo seguida pelas outras linhas que tiveram os seus valores próximos de zero: L222 (0), L371 (0), Beregovoi (-0,03) e Favorit (-0,03).

A análise geral de combinação-capacidade para o conteúdo de DNA mostra alguns índices muito próximos, porém podem ser classificados em L203 (0,03), L371 (0), Beregovoi (0), L222 (-0,01) e Favorit (- 0,01).O efeito geral de combinação-capacidade para o conteúdo de RNA também revelou valores muito próximos entre os genótipos melhorados.

A capacidade geral de combinação para o número total constante de ácidos nucleicos ADN e ARN em diferentes tipos de genótipos, sendo os seus valores próximos de zero, mostra-nos provavelmente a individualidade da espécie de pepino *(Cucumis sativus* L), provando a estabilidade do gene em qualquer variedade e espécie desta cultura agrícola.

Relativamente ao CCG para o teor de proteínas, foram encontrados valores mais elevados nas linhas L203 e L371, que provavelmente se devem ao processo de normalização da transcrição e da tradução de proteínas. Além disso, o aumento do efeito CCG para o teor de proteínas sugere a capacidade das linhas para criar novos genótipos, valiosos devido ao seu teor de proteínas.
também no grupo que estuda os principais parâmetros bioquímicos (tab. 4,4), pois os valores deste parâmetro após CCG para o teor de proteínas totais e para o teor somado de ADN e ARN foram os melhores, revelando valores de 23,21 e 0,08. O efeito elevado da CCG para o teor total de proteínas comprovou a linha 371 (17,74). O tipo Beregavoi, que serviu de testemunha, revelou um pequeno CCG para a maioria dos caracteres (tab. 4.4 e 4.5.).

Do que foi mencionado anteriormente, podemos concluir que a linha L203 tem o maior espetro de efeitos CCG favoráveis para a maioria dos caracteres morfofisiológicos, bioquímicos e os índices do aparelho fotossintético utilizados durante o melhoramento. Mas as linhas L222 e Beregovoi são caracterizadas com os maiores efeitos CCG para os índices do aparelho fotossintético, índices bioquímicos e morfofisiológicos, desencorajados pelo melhoramento.

As melhores do ponto de vista do melhoramento foram as linhas L203 e L371, destacando-se com os seus elevados parâmetros de CCG para valiosos caracteres morfofisiológicos, fisiológicos e bioquímicos, podendo estes servir como componentes de síntese na criação de híbridos de pepino com elevada heterose.

Uma vez que as linhas L203 e L371 demonstraram a melhor capacidade de combinação para a maioria dos caracteres morfofisiológicos, fisiológicos e bioquímicos, por esta razão, as melhores formas parentais podem ser utilizadas para melhorar os pepinos em diferentes combinações híbridas [3,4,51,92,93]

4.2. Análise da CCS em diferentes genótipos de pepino.

A análise da capacidade específica de combinação (CCC) foi efectuada em vários genótipos de pepino: 5 híbridos, formas maternas e paternas para as quais a CCG tinha sido estudada.

A análise detalhada do CCS para os caracteres morfológicos e fisiológicos (tab. 4.5.) revelou o maior grau para o volume do sistema radícula no híbrido L203 (0,29), sendo seguido pelos híbridos L371 x Beregovoi e L371 x Favorit (0,12). Os cruzamentos das linhagens L222 x Beregovoi e L222 x Favorit foram caracterizados com valores negativos (-0,20 e -0,10 respetivamente).

O genótipo híbrido obtido no resultado do cruzamento das linhas L371 x Favorit apresentou um desempenho extraordinário para a massa verde (1,58) em relação aos outros híbridos, sendo seguido por L222 x L203 (SCC=0,62). Os valores mais baixos para este parâmetro foram registados para L222 x Favorit com um valor negativo (-1,31) do efeito SCC.

O maior efeito da CEC para a massa seca (0,89) foi no híbrido L222 x L203, sendo seguido pelo L371 x Favorit (0,63) e L371 x Beregovoi (0,03). Os híbridos L222 x Favorit (-1,14) e L222 x Beregovoi (-0,02) são caracterizados por valores negativos e revelaram os resultados mais fracos.

A CCS para o comprimento da planta apresentou valores positivos para os híbridos L222*Favorit (0,38) e L222 x Beregovoi (0,89), mas os híbridos L222 x L203 (-1,57), L371 x Beregovoi (-0,70) e L371 x Favorit (-0,19) foram caracterizados por valores negativos de CCS. Os valores negativos da CCS para o comprimento da planta recordam-nos as vantagens produzidas pelo cultivo automático de genótipos híbridos.

Os híbridos L222 x L203 (0,69) e L371 x Favorit (0,10) apresentaram os maiores valores de CEC para a atividade de catálise. Os valores negativos da capacidade específica de combinação para este carácter foram para os genótipos L222 x Beregovoi (-0,06), L222 x Favorit (-0,31) e L371 x Beregovoi (0,14). Ao estudar os resultados, verificamos que a combinação híbrida L222 x L203 apresentou um valor máximo de CCS para o volume do sistema radicular (0,29), da biomassa seca (0,89) e da atividade de catálise (0,69), e para a biomassa verde - um elevado efeito de CCS (0,62).

O L371, que se caracteriza pela presença de um elevado valor de CCG, na combinação L371 x Favorit apresentou valores médios de CCG para o volume do sistema radícula (0,12), para a biomassa seca (0,63) e para a atividade catalítica (0,10), mas também apresentou valores máximos (1,58) após a biomassa verde.

Do exposto podemos concluir que o híbrido L222 xL203 é caracterizado pelo conjunto de SCC mais adequado após todos os índices morfo-fisiológicos analisados. Os híbridos L371 x Beregovoi e L371 x Favorit, também são caracterizados por um conjunto de caracteres morfofisiológicos altamente favoráveis. Deste modo, os novos genótipos obtidos terão um volume aumentado do sistema radicular, uma massa verde e seca considerável, uma atividade catalítica consideravelmente aumentada e um comprimento pequeno (tab.4.5.).

Tabela 5.6. CCS em diferentes genótipos de pepino após os parâmetros morfofisiológicos.

	Volumul sistemului radicular	*Masa verde*	*Masa uscată*	*Lungim ea plantei*	*Activitatea catalazei*
L 222 × L 203	0,29	0,62	0,89	-1,57	0,69
L 222 × Beregovoi	-0,20	0,26	-0,02	0,89	-0,06
L 222 × Favorit	-0,10	-1,31	-1,14	0,38	-0,31
L 371 × Beregovoi	0,22	0,02	0,03	-0,70	-0,14
L 371 × Favorit	0,12	1,58	0,63	-0,19	0,10

Tabela 5.8. CCS em diferentes genótipos de pepino após os parâmetros bioquímicos.

Indexul liniei în combinaţiile:	*Proteine*	*Acizii nucleici*	*ADN*	*ARN*
L 222×L 203	**17,12**	**0,04**	-0,02	**0,06**
L 222×Beregovoi	**7,92**	**0,00**	**0,00**	-0,00
L 222× Favorit	-26,88	-0,05	**0,00**	-0,05
L 371×Beregovoi	-6,71	**0,004**	**0,00**	-0,00
L 371×Favorit	**28,09**	**0,06**	**0,01**	**0,05**

Este facto pode provavelmente ser explicado pela herança dos genótipos parentais dos factores implicados na normalização das expressões dos genes, enquanto os genótipos híbridos obtidos representam híbridos valiosos com elevado teor de proteínas. Nas linhas caracterizadas por um efeito GCC requintado, como as linhas L203 e L371, o teor total de proteínas foi determinado pela interação aditiva e dominante dos genes, porque estas linhas são caracterizadas por um efeito SCC elevado, o que aponta para a possibilidade de nascimento das transgressões positivas nas gerações seguintes.

A determinação do CCG e do CCS em diversos genótipos de pepino evidenciou distinções consideráveis entre eles de acordo com a capacidade de combinação, enfatizou a importância dos caracteres aditivos e não aditivos na determinação dos caracteres estudados, facto que pressupõe a possibilidade de melhoramento destes através da seleção das formas parentais mais valiosas.CCS para diferentes genótipos de pepino para os índices bioquímicos. (Tabela 4.6.)

Capítulo 5. O POLIMORFISMO PROTEICO EM DIFERENTES GENÓTIPOS DE *CUCUMIS SATIVUS* L.

As investigações relacionadas com a estrutura dos locos e a atividade no genoma sobre as proteínas como produtos da expressão destas aplicadas na análise do efeito da heterose, direta ou indiretamente, enfatizam os mecanismos moleculares dos processos genéticos que a determinam. Este tipo de informação pode servir de base para alguns métodos de previsão do efeito da heterose e para a seleção de formas parentais com elevada capacidade de combinação.

5.1. SDS-PAGE para a proteína total, facilmente solúvel na fase de planta de pepino.

A análise das frações protéicas evidenciou uma diversidade molecular dos componentes com certo grau de peculiaridade determinado tanto pelo genótipo da planta (linhagens homozigotas, híbridas e genéticas) quanto pela diferente produtividade das mesmas. De modo geral, os espectros de eletroforese de todos os genótipos estudados evidenciaram a presença de três grupos polipeptídicos de acordo com a intensidade e largura da banda protéica:

-Polipéptidos com Mr: 63-99 e 34-42 kDa com uma intensidade média das dobras situadas na região superior e média do diapasão de massa molecular.

-pequenas bandas de intensidade e largura representadas tanto pelas fracções de elevado peso molecular Mr: 100-134 kDa como pelas de pequeno peso molecular 19-31 kDa.

-polipeptídeos com um peso significativo representado pelas partículas com massa molecular relativamente pequena 54 e 15-18 kDa.

SDS-PAGE soma 30 polipéptidos distribuídos num intervalo com Mr 15-134 kDa, notando-se 12 fracções comuns a todos os híbridos e linhas parentais: quatro compostos de fraca intensidade corante com Mr: 81,5; 115,6; 127,7; 134,3 kDa, quatro de intensidade média: 34,8; 40,4; 60,3; 99,5; kDa e quatro fracções principais segundo a dimensão espacial e a intensidade corante: 15,6; 16,4; 18,2; 51,9; kDa. O polimorfismo apreciado por presença/ausência foi estabelecido ao nível de 18 fracções proteicas incluídas no diapasão de massas moleculares relativas de 19-121 kDa.

5.1.1 Análise da eletroforese de proteínas em híbridos com elevada produtividade

Estudos comparativos dos híbridos H 273, H 274 e H 275, com um elevado efeito de heterose em relação às linhas parentais, elucidaram algumas partículas distintivas no padrão polipeptídico, tendo em conta a sua complexidade e o polimorfismo do espetro de eletroforese.

H 274 híbrido e formas parentais. A análise de 18 bandas polimórficas presentes nos electroforgramas das linhas parentais experimentais L 216 e L 203 e do híbrido H 274 revelou um elevado nível de genótipo específico. A forma paterna foi distinguida através de um espetro polipeptídico mais variado em comparação com o genótipo materno, determinado pela presença de 8 fracções. A linha materna contém três componentes, mas o seu genótipo híbrido contém 14 componentes, ultrapassando ambas as linhas homozigóticas pelo seu número de polipéptidos. (Figura 5.)

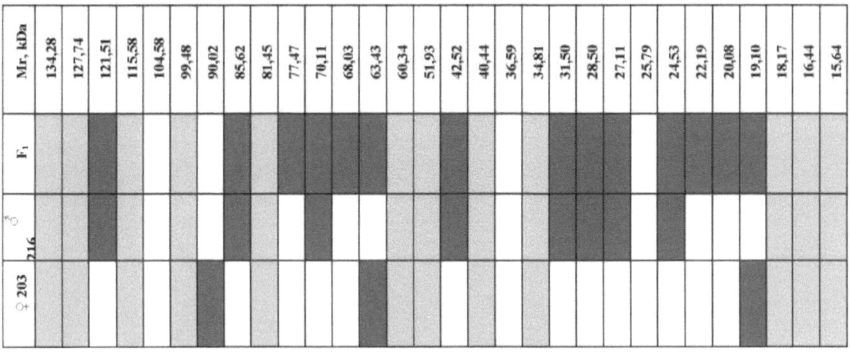

Figura 5.1. Representação esquemática do espetro de eletroforese das linhas parentais e do híbrido H 274

O complexo das fracções proteicas dos genótipos parentais apresentou semelhanças em 40% dos casos e apenas ao nível dos polipéptidos comuns a todos os genótipos estudados. (Figura 6.2). Se, na forma paterna, todas as 8 fracções específicas com Mr: 121,5; 86,6; 70,1; 42,5; 31,5; 28,5 e 24,5 kDa são encontradas no genótipo heterozigótico, então, das três fracções com Mr: 90,0; 63,4 e 19,1 kDa caraterísticas da forma materna, apenas as duas últimas estão presentes no perfil proteico da mulher F1.

A eletroforese paterna do genótipo heterozigoto indica a presença de todos os polipéptidos distinguidos na linha paterna e em duas linhas maternas, tendo a maioria uma maior intensidade de coloração em comparação com os da linha paterna, demonstrando a manifestação do efeito da heterose. O híbrido de primeira geração é caracterizado por uma gama de polipéptidos caraterísticos apenas desta forma. Por exemplo, foi evidenciada a presença de quatro polipéptidos dos quais dois são da zona média (Mr: 77,5 e 68,3 kDa) e outros dois da zona de menor peso molecular (Mr: 22,2 e 20,1 kDa) ausentes nas formas homozigotas. Todas as quatro novas fracções são menores com uma intensidade de coloração fraca.

H 275 híbrido e formas parentais. O fracionamento do extrato proteico obtido brevemente a partir das plântulas das linhas parentais experimentais: (sinal masculino) L 203, (sinal feminino) L 226 e híbrido H 275 resultou num perfil geral, diferente do grupo de genótipos, previamente analisado através da ausência de polipéptidos com um peso molecular elevado e concentração numérica na zona média do espetro de eletroforese (Figura 5.3 e 5.4). Assim, a linha materna foi distinguida por uma maior variedade determinada por 10 bandas polimórficas (90,0; 85,6; 77,5; 68,0; 63,4; 42,5; 36,6; 28,5; 27,1; 25,8; 24,5 kDa), mas a linha 203 - utilizada nessa combinação de cruzamento como linha paterna - é destacada por essas três fracções (90; 63,4; 19,1 kDa) previamente analisadas como parte dos genótipos, que formam o híbrido H 274.

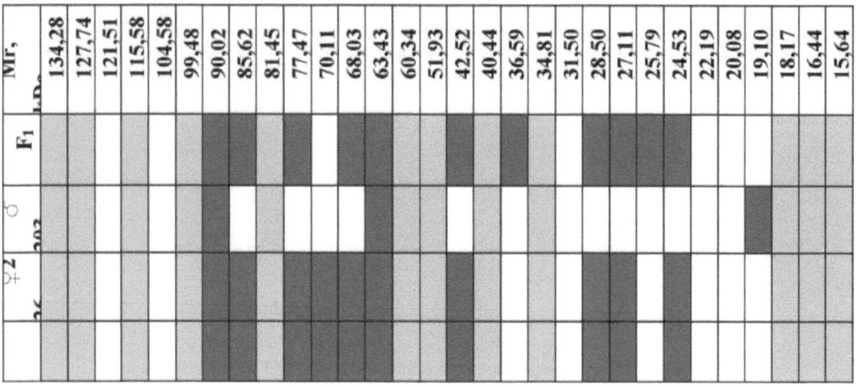

Figura 6.3: Representação esquemática do espetro de eletroforese das linhas parentais e do híbrido H 275.

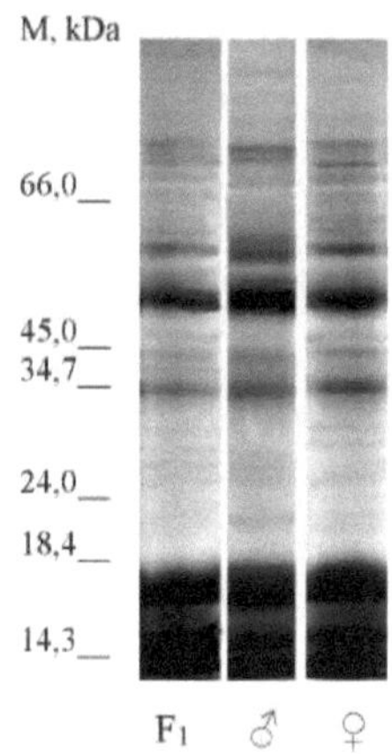

Figura 5.4. Espectro electroforético das linhas parentais (♂ linha 203 x linha ♀226) e do híbrido H 275

Os componentes com Mr 90,0 e 63,4 kDa estão presentes em ambas as linhas parentais e no híbrido, mas o componente com um peso molecular mais pequeno de 19,1 kDa não é encontrado novamente no híbrido semelhante ao híbrido H 275. Os genótipos heterozigóticos paternos apresentam um elevado nível de semelhança com o genótipo homozigótico materno, devido à presença de nove polimorfismos encontrados também na linha materna. As lacunas no heterozigoto formam o componente proteico com Sr 70,1 kDa e estão presentes em mais duas novas bandas de fraca intensidade de coloração com pequeno peso molecular de 36,3 kDa e 25,8 kDa (fig. 5.4.).

Híbridos 273 e formas parentais. O perfil polipeptídico das proteínas de síntese das linhas parentais: ♂L 203, ♀ L 222 e do híbrido H 273 demonstra um polimorfismo muito semelhante ao constante aos genótipos do híbrido H 274. A análise comparativa dos padrões proteicos das linhas parentais evidenciou a forma materna em nove fracções representadas em todo o diapasão de pesos moleculares: quatro com peso molecular elevado - 121,5; 104,6; 85,6 e 70,1 kDa, duas com peso molecular médio - 63,4; 42,5 kDa e três com peso molecular reduzido - 31,5; 28,5 e 19,1 kDa (fig. 5.5 e 5.6)

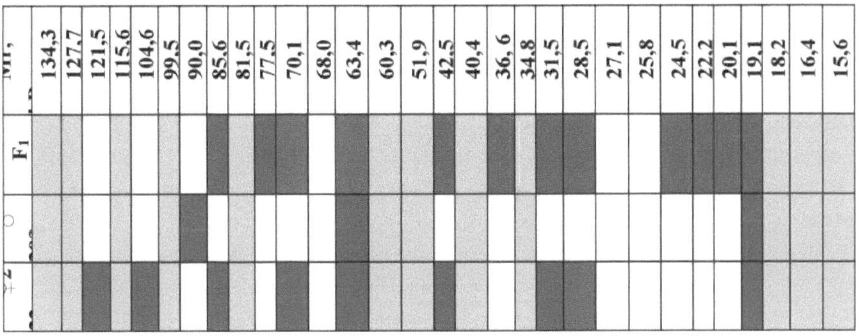

Figura 5.5: Representação esquemática do espetro de eletroforese das linhas parentais e do híbrido H 273

O genótipo paterno da forma heterozigótica H 273 é semelhante ao da forma H 275, caracterizado pela presença de três fracções polimórficas (90; 63,4; 19,1 kDa). O espetro proteico do genótipo híbrido, que soma 12 fracções, difere dos genótipos homozigóticos paternos pela ausência de um polipéptido com Mr 90,0 kDa encontrado na forma paterna, de duas fracções com Mr 121,5; e 104,6 kDa observadas na forma materna e pela presença de 5 polipéptidos específicos com Mr 77,5; 36,6; 24,5; kDa e 20,1 kDa (fig. 5.6)

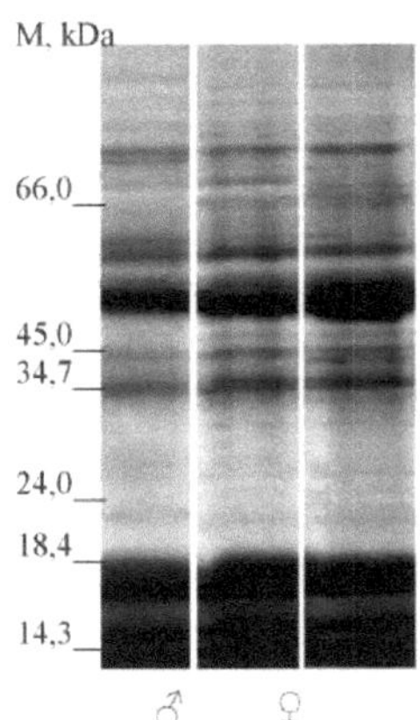

Figura 5.6. Espectro electroforético das linhas parentais (♂ L 203 , L ♀222) e do híbrido H 273

As diferenças mais eloquentes dos espectros polipeptídicos dos genótipos homo e heterozigóticos foram reveladas ao nível do polipeptídeo com um conteúdo diminuído na eletroforese paterna.

5.1.2 Análise de proteínas no quadro de híbridos homologados e formas parentais.

A linha L 371 em combinação com as variedades Beregovoi e Favorit e, respetivamente, o híbrido de primeira geração com uma produtividade aumentada, incluída no esquema experimental face ao sistema de referência, apresentou uma heterogeneidade polipeptídica, que, ao contrário dos híbridos experimentais estudados, tinha um carácter de agrupamento de fracções em regiões semelhantes a uma ou outra forma parental

Híbrido Vzglead e formas parentais. A linha ♀ Beregovoi e a linha ♂ L 371 utilizadas na obtenção do híbrido Vzglead de maior produtividade são caracterizadas pela presença de 12 e respetivamente 10 componentes proteicos polimórficos (fig. 5.7 e 5.8). O espetro da forma parental, além de prevalecer numericamente à linha materna, é mais uniforme na divisão dos pesos moleculares. A região polipeptídica com peso molecular elevado inclui fracções com Mr 121,5 e 104,5 kDa. A região com um peso molecular médio tem cerca de três bandas com Mr 85,6; 70,1 e 42,5 kDa, mas na região com um peso molecular pequeno há 7 componentes: 36,6; 31,5; 28,5; 24,5; 22,2; 20,1 e 19,1 kDa. Um outro aspeto importante é formado pela presença de dois componentes menores específicos com Mr 36,6 e 20,1 kDa que estão ausentes no genótipo heterozigótico e no materno.

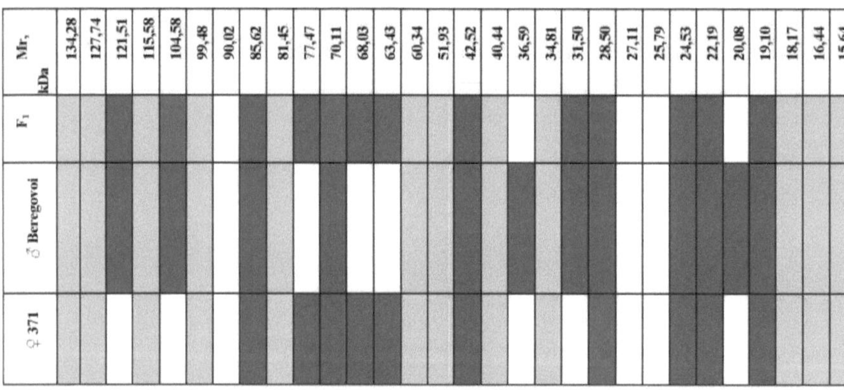

Figura 6.7: Representação esquemática do espetro de eletroforese das linhas parentais e do híbrido Vzglead

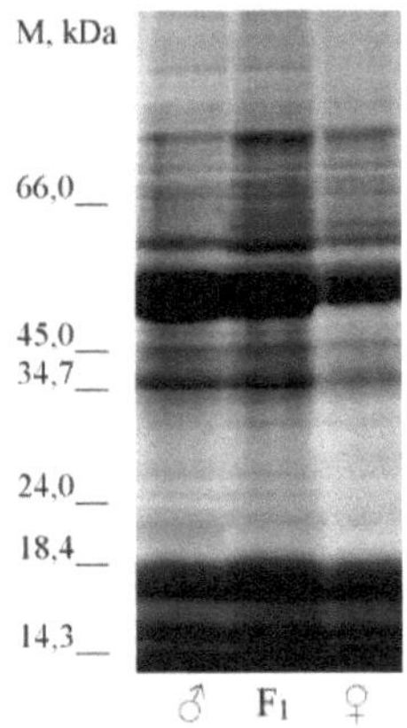

Figura 6.8. Espectro electroforético das linhas parentais e do híbrido Vzglead

O genótipo homozigótico materno contém menos bandas, todas concentradas na zona média e inferior do espetro de eletroforese. Assim, o perfil do genótipo materno inclui 7 fracções com pesos moleculares semelhantes aos presentes no genótipo paterno: 85,6; 70,1; 42,5; 28,5; 24,5; 22,2 e 19,1 kDa e três componentes da zona média que não existem na forma paterna: 77,5; 68,0 e 63,4 kDa (fig. 5.8.).

O genótipo heterozigótico apresenta um espetro polipeptídico com 13 componentes polimórficos que podem ser agrupados em regiões semelhantes a ambos os genótipos homozigóticos. Por exemplo, os componentes polimorfos 121,5 e 104,6 kDa da região com um peso molecular elevado são herdados do genótipo paterno e as fracções menores com Mr incluído no intervalo: 20 - 31 kDa, enquanto que 6 fracções da região intermédia com Mr: 40 - 85 kDa são semelhantes às encontradas no genótipo materno. Outra particularidade revelada pela análise SDS - PAGE representa o facto de o genótipo heterozigótico não conter nenhum componente novo que não esteja presente em nenhuma das formas paternas.

Híbrido epilogar e formas parentais. Os espectros proteicos das formas parentais ((sinal masculino) Favorite e (sinal feminino) L 371) do híbrido com elevada produtividade incluem 7 bandas polimórficas com um peso molecular semelhante da região média do espetro (85 - 30 kDa). A forma paterna difere da materna apenas ao nível do componente de 27,1 kDa. A linha materna contém um total de 10 bandas polimórficas, das quais três com pesos moleculares pequenos estão ausentes na linha paterna (fig. 5.9 e 5.10).

Genotipul heterozigot prezintâ un spectru polipeptidic cu 13 componenti polimorfi care pot fi grupti în regiuni similare ambelor genotipuri homozigote. De exemplu, componentii polimorfi 121,5 si 104,6 kDa din regiunea cu masa molecularâ mari este mostenitâ de la genotipul patern ca si fractiile minore cu Mr incluse in intervalul de: 20 -31 kDa, pe când 6 fractii din regiunea medie cu Mr: 40- 85 kDa sunt similare celor depistate la genotipul matern. O altâ particularitate relevatâ de analiza SDS - PAGE reprezintâ faptul câ genotipul hetrozigot nu contine nici un component nou care sâ nu fie prezent la formele parentale (fig. 6.8.).

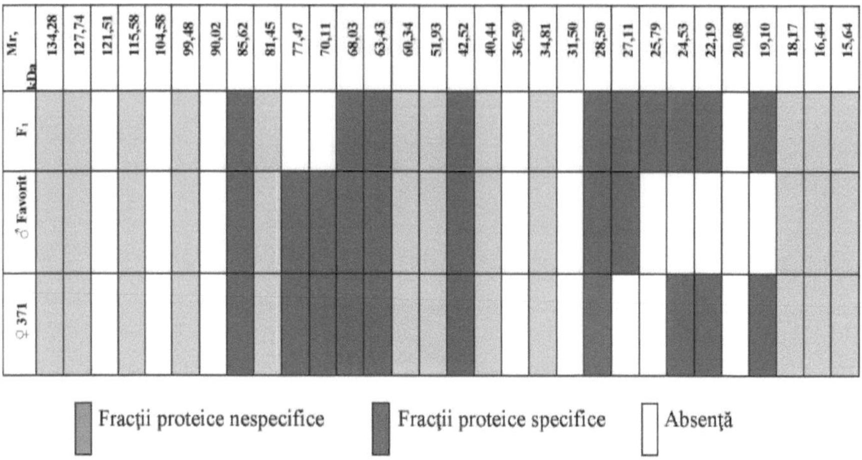

Figura 6.9. Reprezentare schematica a spectrului electroforetic al liniilor b **parentale si hibridului Epilog**

A região da fração com peso molecular pequeno do híbrido é igual à forma materna, com exceção da banda específica com Mr 25,8 kDa, que está ausente nos genótipos parentais.

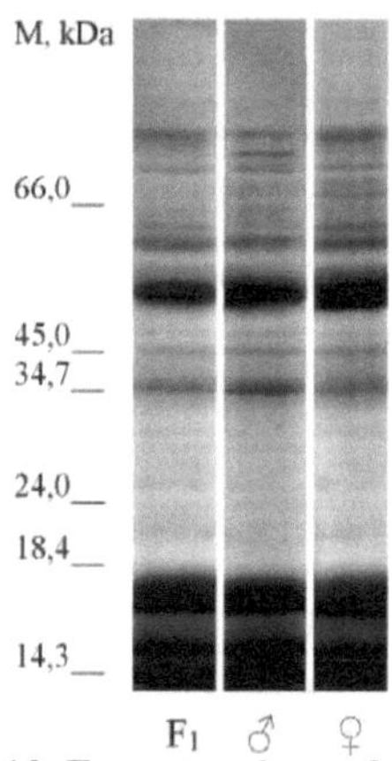

Figura 6.10. Espectro electroforético de linhas parentais e híbridos Epilog

Também dois polipéptidos com Sr 70,1 e 77,5 kDa presentes em ambos os genótipos homozigóticos não são encontrados novamente na forma heterozigótica. As caraterísticas deste grupo genotípico são a ausência de fracções polimórficas de elevado peso molecular, a extensão das fracções variáveis da zona média e o espetro inferior da eletroforese.

5.1.3. Análise de eletroforese de proteínas em híbridos com baixa produtividade

Híbrido H 6 e linhas parentais. A linha 222 com alta CCG em combinação específica com o solo Beregovoi mostra uma combinação de baixa capacidade, resultando em híbridos de primeira geração com produtividade reduzida.

A soma do fracionamento de proteínas mostra uma homogeneização da zona superior do espetro de peso molecular 68 - 134 para o genótipo heterozigótico, mostrando a presença de fracções de ambos os progenitores.

Surge uma micro-heterogeneidade na zona de componentes menores, determinada pela ausência de algumas bandas comprovadas nos genótipos homozigóticos e não pela presença de algumas fracções novas (fig. 5.11).

Figura 5.11. Representação esquemática da eletroforese espetro das linhas parentais e do híbrido H 6

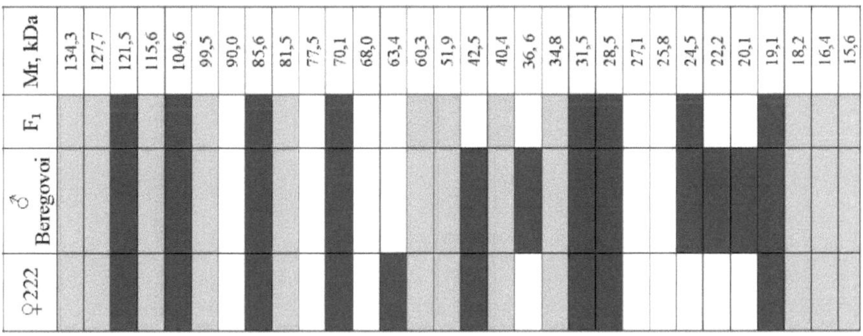

No espetro polipeptídico do híbrido H 6 não foram encontradas as seguintes bandas polimórficas: uma com Mr 63,4; contida pelo genótipo materno e três bandas com Mr 36,6; 22,2 e 20,1 presentes na forma paterna e uma com Mr 42,5 kDa presente em ambos os progenitores.

Uma particularidade especial do polipéptido paterno heterozigótico consiste no facto de que, de todas as oito fracções polimórficas, todas as sete fracções contidas estão presentes em ambos os genótipos homozigóticos, exceto uma com Sr 24,5 que herdou apenas do genótipo paterno (fig. 5.12).

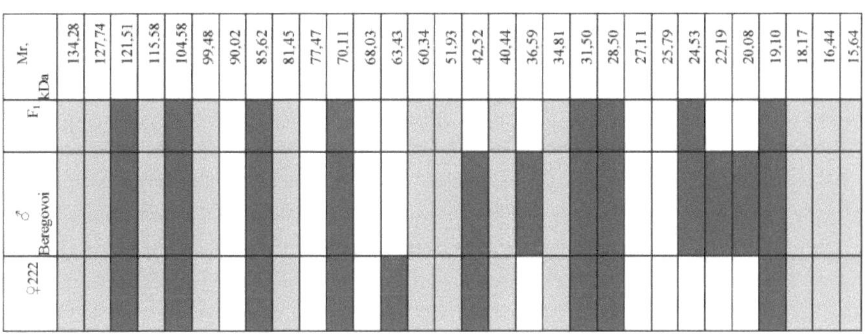

Híbrido H 7 e linhas parentais. O genótipo heterozigótico H 7 apresenta um espetro polipeptídico com sete componentes polimórficos e uma divisão semelhante à do híbrido epilog, determinada pela presença da fração na zona média e pela ausência das fracções com pesos moleculares grandes e pequenos (fig. 5.13 e 5.14).

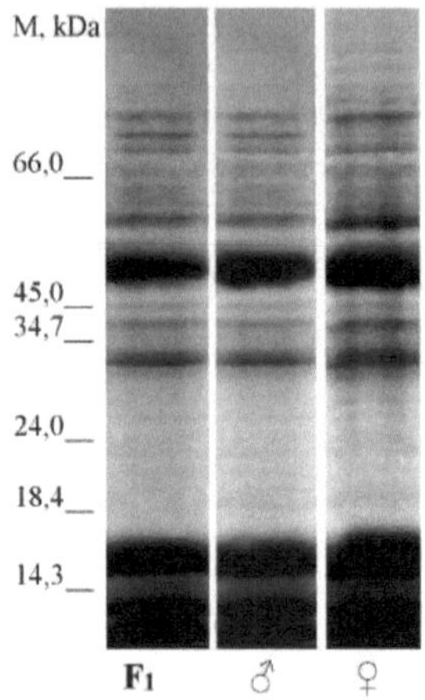

Figura 5.14. Espectro electroforético de linhas parentais e híbrido H7

Cinco componentes polimórficos com Mr 85,6; 70,1; 63,4; 42,5 e 28,5 kDA estão presentes em ambos os perfis parentais, incluindo o perfil dos híbridos. As diferenças qualitativas entre as linhas homozigotas e a forma heterozigota limitam-se à ausência de um espetro híbrido de fracções com Mr 77,4 atestado na linha paterna, três com Mr: 121,5; 104,5 e 31,5 estão presentes na forma materna e um com Mr 19,1 kDa encontrado em ambos os progenitores (fig. 5.13 e 5.14).

5.2. Análise electroforética do resumo do extrato de proteínas facilmente solúveis na fase de três folhas reais

Os espectros polimórficos identificados nos genótipos heterozigotos analisados, refletem a condição integral do genoma com caráter adaptativo como resultado da variação da expressão e interação gênica em algumas combinações gerais e específicas das formas parentais. Como sabemos os híbridos com efeito de heterose são superiores às formas parentais após a intensidade de replicação do DNA desde a primeira fase de progresso, representando como sinal de intensidade de divisão celular, como apreciação de critérios de metabolismo em geral.

5.2.1. Análise qualitativa de proteínas em híbridos de elevada produtividade

As particularidades observadas durante a análise da variabilidade polipeptídica nas linhagens, espécies e híbridos de pepino na fase de plântula motivaram uma investigação mais aprofundada dos espectros polipeptídicos em aspeto comparativo de um híbrido com alta produtividade - H 274 e um com baixa produtividade H 6 em comparação com o híbrido homologado Vzglead na fase com três folhas verdadeiras. A razão para incluir esta fase ontogenética no estudo foi a de evidenciar a presença/ausência de algumas particularidades semelhantes observadas ao nível das proteínas como produtos da atividade génica de uma fase com metabolismo e morfogénese intensos.

A separação electroforética unidimensional em condições desnaturadas do extrato de proteínas facilmente solúveis obtidas nesta fase de crescimento e desenvolvimento da planta evidenciou um espetro com um grande número de bandas formando aproximadamente 40 fracções com um amplo intervalo de pesos moleculares 10 - 200 kDa. Algumas delas presentes com grande concentração na zona média e outras em quantidade comparativamente pequena na região superior e inferior do espetro dificultam a análise qualitativa, exigindo adicionalmente análise densitométrica, (fig. 5.16, 5.18, 5.20). Estes perfis electroforéticos diferem dos obtidos em plântulas etioladas, por um elevado peso qualitativo e superioridade numérica das fracções, comprovando a intensidade e complexidade dos processos metabólicos, determinados pela nutrição autotrófica e pelo intenso desenvolvimento nesta fase ontogenética.

Foram destacadas 15 fracções comuns aos dois híbridos e às duas linhas parentais em combinação cruzada estudadas com Mr: 13,0; 17,3; 25,3; 27;6 33,0; 35,6; 38,0; 50,0; 60,0; 69,2; 75,4; 78,0; 131,5; 188,5; 198,6 kDa o que perfaz aproximadamente 40% do número de linhas observadas, comprovando a identidade genética da espécie.

Híbrido H 274 e linhas parentais. O densitograma e o espetro electroforético das linhas híbridas e parentais mostram um maior peso quantitativo dos componentes proteicos com pequenos pesos moleculares 13 - 40 kDa no genótipo heterozigótico em comparação com a região das formas parentais. A linha paterna ocupa nestas zonas uma posição intermédia, mas ao nível dos componentes com peso molecular médio e elevado 50 - 200 kDa a linha materna é quantitativamente superior à forma heterozigota e à forma paterna (fig. 5.15 e 5.16).

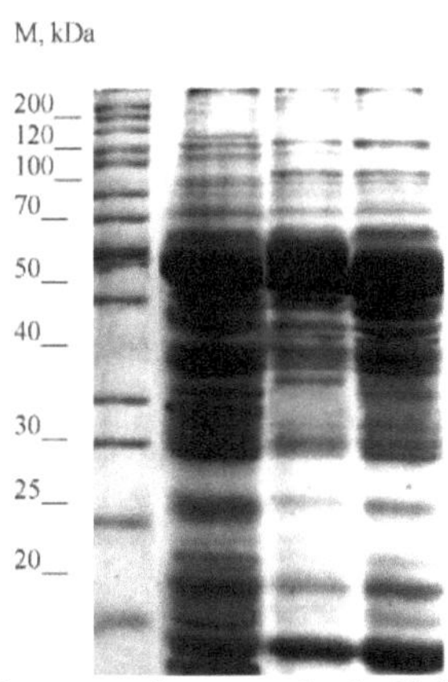

Figura 5.15. O electroforgrama de uma solução fácil e completamente solúvel proteínas do híbrido H 274 e das linhas parentais

O híbrido contém oito bandas polimórficas, três das quais (15,0; 18,5; 30,5 kDa) estão presentes também na forma paterna, duas delas (40,8; 98,3 kDa) - também na forma materna e três delas são específicas (12,0; 28,5; 80,1 kDa).

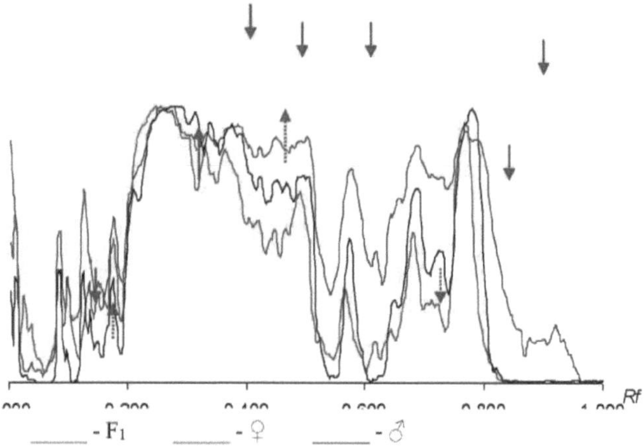

Figura 5.16. O densitograma do espetro electroforético do híbrido H 274 e das linhas parentais

As linhas paternas têm menos fracções polimórficas, especialmente a linha materna, que contém apenas quatro polipéptidos: dois deles estão presentes também no híbrido, um em comum com o pai e um específico com um peso molecular pequeno de 34,8 kDa. A linha paterna é caracterizada por cinco bandas, uma das quais de 57,2 kDa não se encontra no genótipo heterozigótico. (tab. 5.1).

Família Vzglead. Formele parentale: soiul ♂ Beregovoi si linia ♀L371 se caracterizeaza prin prezenta a cate trei componenti proteici polimorfi (tab. 6.1., fig. 6.17).

Tabela 6.1. A variabilidade das fracções polipeptídicas nos híbridos de pepinos com alta e baixa produtividade na fase de três folhas

Modul de moştenire			*Variabilitatea moleculară a polipeptidelor la hibrizi cu:*		
			efect de heterozis superior, 274	*productivitate înaltă, omologat, Vzglead*	*productivitate scăzută, H6*
1 I	(				
-	+		198,6; 188,5; 131,5; 78,0; 75,4; 69,2; 60,0; 50,0; 38,0; 35,6; 33,0; 27,6; 25,3; 17,3; 13,0		
-	+		15,0; 18,5; 30,5	18,5; 68,0;	15,0
			34,8	67,0; 137,7	19,5
-			40,8; 98,3	26,0	58,0
	+		39,0	-	23,5
-			12,0; 28,5; 80,1	28,5; 37,5	-
	-		57,2	24,0;	24; 68,0; 18,5

É importante mencionar que a maioria das bandas polimorfas detectadas nesta combinação de linhas parentais e no seu híbrido na fase de três folhas têm pesos moleculares médios e pequenos: 12 - 60 kDa (tab. 5.1).

Vzglead híbrido e formas parentais. As formas parentais: espécie J Beregovoi e linha $L371 são caracterizadas pela presença em cada uma de três componentes proteicos polimórficos (tab. 5.17, fig. 5.18).

O genótipo heterozigótico contém no seu espetro dois componentes com Mr 28,5; 37,5 kDa, que estão ausentes nas linhas parentais, dois com Mr 18,5; 68,0 kDa herdados da forma paterna e apenas uma das fracções polimórficas com Mr 26,0 kDa herdada da mãe (tab. 5.1).

Esta micro-heterogeneidade polipeptídica revelada nos electroforgramas é evidente também no densitograma que denota a ausência de diferenças quantitativas essenciais entre as linhas, e também em comparação com o híbrido. Apenas na região das fracções com Mr 20-40 kDa se observa uma variação na intensidade do corante com valores maiores para o híbrido (fig. 5.18).

5.2.2. Análise qualitativa de proteínas de híbridos com baixa produtividade

Híbrido H 6 e linhas parentais. A fração de proteínas totais do genótipo heterozigótico mostra um complexo polipeptídico que inclui dois componentes polimórficos. O híbrido herdou da forma paterna a fração com 15,0 kDa e da materna com 58,0 kDa (fig. 5.19.).

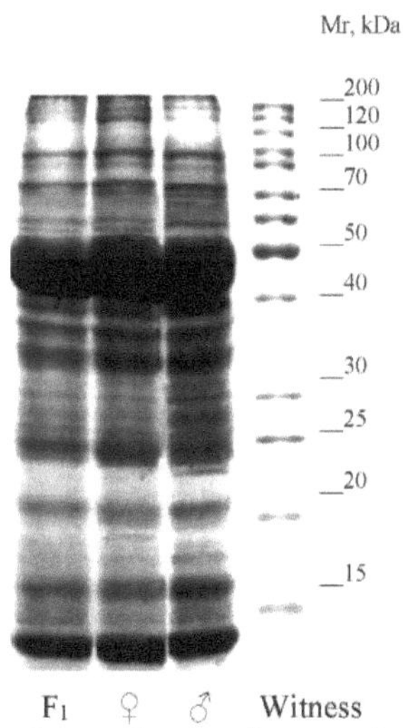

Figura 5.19. A eletroforese de proteínas totais dos híbridos H 6 e

O densitograma dos polipéptidos fraccionados mostra uma posição intermédia do espetro electroforético heterozigótico na região das fracções com Mr grande e pequeno e valores menores da intensidade das bandas com peso molecular médio, (fig. 5.20).

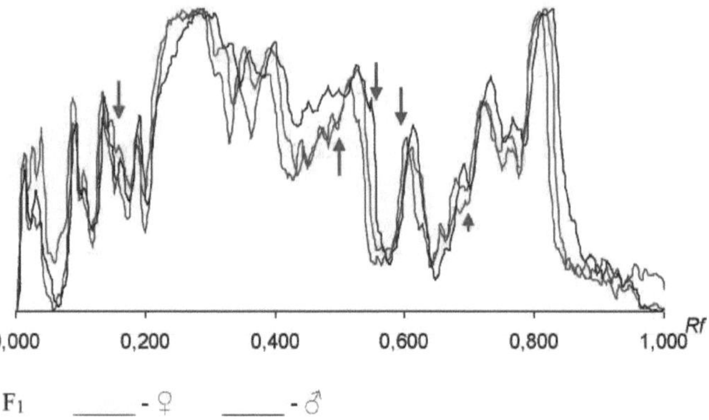

Figura 5.20. O densitograma do espetro electroforético de proteínas totais do híbrido H6 e das linhas parentais

A linha materna é caracterizada por um maior conteúdo de bandas na região com pesos moleculares 100 - 200 kDa e aproximadamente semelhante ao nível dos pesos moleculares médios e pequenos. Esta linha contém uma fração polimórfica herdada e de híbrido 58,0 kDa, - uma semelhante à da linha paterna 23,5 kDa - e um composto específico com 19,5 kDa.

5.2.3. Aspectos comparativos do polimorfismo proteico de diferentes genótipos de pepino

Quanto ao polimorfismo do ponto de vista bioquímico a nível proteico de cinco linhas e duas espécies utilizadas em diferentes combinações para a obtenção de híbridos de primeira geração em duas fases ontogenéticas, evidenciou um quadro diferente da sua manifestação, determinado pela expressão e interação diferenciada dos genes. O perfil proteico das formas homozigota e heterozigota na fase de plântula apresentou similitude no peso molecular e no conteúdo apenas ao nível de 12 fracções electroforéticas das 30 observadas no espetro, mostrando um elevado nível de heterogeneidade polipeptídica. O modo de herança das 18 bandas polimórficas em combinações híbridas, mostra uma capacidade combinatória diversa das formas homozigotas, que se associou à quantificada na análise de diferentes índices da produtividade, revelados ao nível das caraterísticas morfológicas.

Somando o número total de casos (expressos em %) em que foi detectada a presença de componentes electroforéticos comuns aos genótipos homo e heterozigóticos ou caraterísticas apenas de um numa combinação cruzada, conseguimos evidenciar algumas particularidades específicas, mostrando o valor diferente da capacidade combinatória das formas conjugadas parentais com a manifestação do efeito da heterose (tab. 5.2.).

Assim, a análise comparativa dos espectros polimórficos comprova um elevado nível de heterogeneidade polimórfica nos híbridos experimentais H 273, H 274 e H 275, em comparação com os híbridos homologados.

Tabela 5.2. Herança de componentes polipeptídicos por híbridos da primeira geração

Modul de moştenire			Hibrizi cu:		
			efect de heterosiz superior (H273, H274 şi H275)	*productivitate înaltă, omologat* (Vzglead şi Epilog)	*productivitate scăzută* (H6 şi H7)
F_1	♂	♀	*Nr. de cazuri în %		
+	+	+	7,41	33,3	33,3
+	+		18,5	8,3	8,3
		+	5,6	2,8	11,1
+		+	27,8	11,1	-
	+	+	-	11,1	5,6
+			20,4	5,6	-
	+		3,7	8,3	11,1

**A análise não inclui as bandas comuns (12 em número) para todas as linhas, espécies e híbridos estudados.*

O elevado número de fracções específicas dos genótipos heterozigóticos (em 20,4% dos casos) de um lado e o polimorfismo acentuado das linhas parentais L 222, L 226, L 216 e L 203, determinado por uma diferença numérica essencial (as três primeiras linhas contêm 8-10 bandas polimórficas no espetro, mas a última linha apenas três) do outro lado, indicam um efeito elevado do CCG das linhas conjugadas com heterose superior ao encontrado nos híbridos-testemunha.

Um alto nível de codominância é observado nos híbridos com alta produtividade homologados - Vzglead e Epilog, resultantes do cruzamento da linhagem L371 com as espécies Beregovoi e Favorit respetivamente, revelado pela presença de bandas com pesos moleculares semelhantes nas formas homozigota e heterozigota. A herança codominante de bandas polimórficas também se verifica em híbridos experimentais de baixa produtividade. Estes não diferem dos híbridos homologados nem pelo valor percentual de casos de presença de compostos herdados de híbridos apenas a partir da forma paterna - 8,3%, o que é um índice da natureza híbrida da planta. Ao mesmo tempo os espectros electroforéticos dos híbridos com alta produtividade diferem dos híbridos homologados e experimentais com baixa após um maior número de casos - 18,5% onde se verificou a herança pelo híbrido da primeira geração de compostos electroforéticos apenas da linha paterna.

As linhas parentais adoptadas em diferentes combinações de cruzamento por capacidade combinatória geral ou específica diferem ao nível das caraterísticas morfológicas (cap.4.). Este efeito da capacidade combinatória é observado também ao nível do espetro peptídico que indexa em 27,8% dos casos fracções herdadas da linha materna por híbridos experimentais com produtividade comparativamente elevada com 11% dos casos em híbridos homologados. É um facto muito importante que, nos híbridos com baixa produtividade, não foram encontrados casos de algumas bandas presentes apenas na linha materna e no híbrido. Também estes híbridos não contêm fracções específicas. Outra diferença relevante entre os híbridos experimentais de alta e baixa produtividade é o facto de apenas em 5,6% / 3,7% dos casos os híbridos de alta produtividade herdarem todos os componentes presentes num dos progenitores - forma materna/paterna. Mas em 11,1% dos casos algumas fracções estão presentes apenas na forma materna ou paterna e estão ausentes nos híbridos de baixa produtividade.

A linha 203 utilizada em três combinações cruzadas com L222, L226 e L216 manifesta CCG e CCS elevadas. É importante mencionar o facto de esta linha utilizada na qualidade de linha materna ou parental apresentar algumas caraterísticas electroforéticas específicas. Por exemplo, ao ser cruzada em qualidade de linha materna com L216, o genótipo heterozigoto herda desta linha duas fracções com Sr 63,4 e 19,1 kDa das três bandas polimórficas presentes no seu perfil proteico.

Ao ser combinado em qualidade de linha paterna com L222 o genótipo heterozigoto contém as bandas que estão presentes também na linha materna, mas cruzado com a linha L226 o híbrido contém uma banda caraterística para todos estes três híbridos com alta produtividade 63,4 e banda com Mr 90kDa que está ausente nas duas primeiras combinações. O componente com peso molecular pequeno de 19,1 kDa não é encontrado no híbrido H 275, à semelhança dos híbridos H 274 e H 273.

A linha L222 com alto CCG manifesta um efeito reduzido da capacidade de combinação em combinações específicas com as espécies Beregovoi e Favorit, produzindo híbridos com baixa produtividade. Esta linha contém 8 bandas polimórficas, das quais, no caso de cruzamento com a espécie Beregovoi, duas com Mr 63,4; 42,5 kDa não são herdadas pelo híbrido H6, mas em combinação com a espécie Favorit, quatro com Mr: 121,6; 31,5, 19,1 kDa não são encontradas no genótipo heterozigoto H7.

A análise das fracções electroforéticas de proteínas na fase com três folhas provou, em geral, as mesmas caraterísticas de heterogeneidade polipeptídica das linhas parentais e do híbrido correlacionadas com a manifestação de um efeito de heterose superior no caso de alguma combinação associativa de genes. O facto de o espetro do híbrido H6 parecer semelhante em complexidade ao do híbrido Vzglead, mas o efeito da heterose ser pequeno, não é surpreendente, porque a complexidade polipeptídica representa, antes de mais, um índice heterozigótico, mas não um efeito de heterose.

Em conclusão, uma caraterística distintiva geral dos híbridos experimentais com alta e baixa produtividade é o elevado grau de diferenças entre as linhas parentais, bem como uma elevada capacidade de combinação geral e específica, demonstrada pela ausência de casos em que os componentes presentes em ambos os progenitores não se encontram no genótipo heterozigótico. Também pode ser mencionado o elevado número de novos componentes que aparecem nestes, provando um elevado nível de plasticidade funcional.

Capítulo 6. ESTUDO COMPARATIVO DO POLIMORFISMO GENÉTICO EM PLANTAS DE *CUCUMIS SAVITUS L.*

A identificação do polimorfismo genético com o objetivo de classificar os diferentes genótipos, a valorização da diversidade genética, a seleção de caraterísticas qualitativas e quantitativas e a escolha de formas parentais assumem especial importância no processo de obtenção de híbridos de elevada produtividade.

6.1. Otimização das condições da análise RAPD de pepinos

A análise RAPD é uma técnica rápida de identificação de polimorfismos genómicos através da utilização de um oligonucletido - primer para sequências arbitrárias de DNA numa reação em cadeia da polimerase (PCR - Polymerase Chain Reaction). Esta técnica é muito utilizada devido à análise de um número considerável de loci em diferentes regiões do genoma e tendo à disposição quantidades muito pequenas de matriz (nanogramas). Utilizando a PCR-RAPD qualquer genoma pode ser analisado se o ADN isolado for de boa qualidade, não degradado.

O ADN extraído dos pepinos com o reagente - kit ADN-zol e pelo método padrão utilizando CTAB foi quantificado por eletroforese e medição em espetrofotómetro, proporcionando uma melhor qualidade das amostras de ácidos nucleicos, isoladas com o kit (fig. 6.1). O rácio $_{\lambda260/\lambda280}$ situou-se nos limites 1,6 - 1,9 e o ADN contido na amostra variou de 238-455 ng/µl.

Para a análise RAPD do polimorfismo genético foram tomados em estudo dois híbridos experimentais com alta produtividade H 273 e H 274 em relação com dois híbridos homologados e experimentais com baixa produtividade respetivamente e formas parentais Foi decidido investigar o polimorfismo genético destas combinações cruzadas porque têm formas parentais comuns (fig. 6.1.).

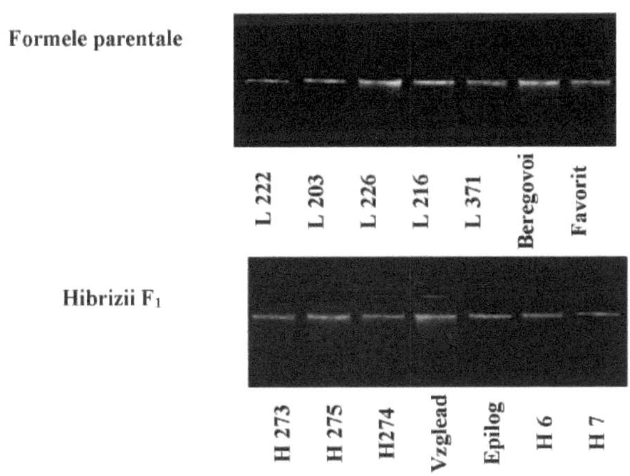

Figura 6.1. A eletroforese em gel de agarose a 1% do DNA isolado de plântulas de pepino com DNAzol

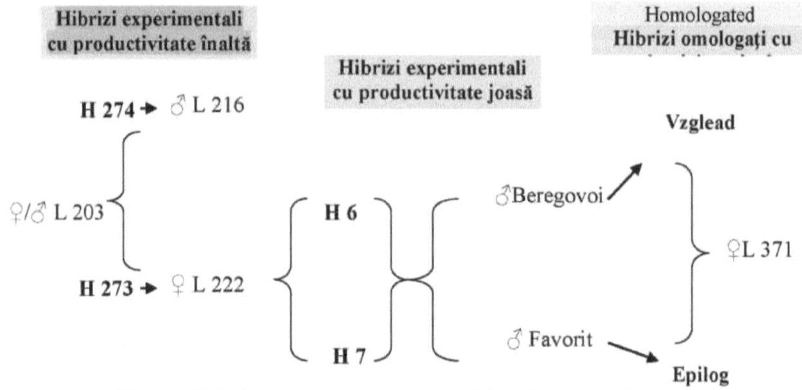

Figura 6.2. Representação esquemática das combinações de diferentes parentais

Quadro 6.1 Sequência da substância inicial utilizada na análise RAPD

Primer	Nucleotide sequence 5`-3`	Content % GC
P28	GACCGCTTGT	60
P36	CCGAATTCGC	60
P37	CTGACCAGCC	70
P43	AGTCAGCTGC	60
P44	GGACCCCGCC	90
P46	GGTTGGGGAG	70
P48	GCGGTGCTCG	80
P49	GACAGCCTA	60

Todos os primers testados apresentaram amplificação, o que resultou num número variável de amplicões. Após a amplificação dos primers P28, P36, P37, P44 foram obtidas 6-12 bandas em função dos primers e do genótipo. Os primers P43, P46, P47, P49 geraram um perfil com 1-4 bandas comuns para cada um dos genótipos homo e heterozigóticos que estudámos: P43470, P46500, P46290, P46180, P47480, P47290, P47150, P49920, P49800, P49750, P49600 (fig. 6.3 A, B, C, D).

Posteriormente seriam analisados apenas os produtos de amplificação obtidos com primers que manifestassem especificação do genótipo, sendo mais informativos.

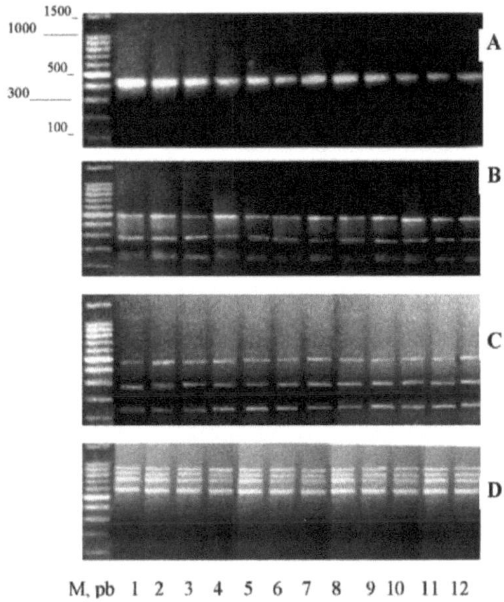

Figura.6.3 Perfil dos amplicões KAPD obtidos com primers P43(A)$_f$ P46(J3).P47(C)$_f$ P49(D).

M- 1- ♂X216; 2- H 274; 3- ♀/♂L203; 4-♀L 222; 5-♂ Beregovoi; 6- Vzglead; 7-♀L 371; 8- Epilog; 9- ♂Favorit; 10 - ♀L22; 11- H 6; 12- H 7

6.2 Análise do polimorfismo genético em híbridos de alta produtividade

A análise dos produtos RAPD com os primers P28, P36, P37, P44 permitiu distinguir um perfil electroforético heterogéneo, tanto em função do peso molecular dos amplicons como da intensidade de fluorescência, determinada por brometo de etídio, sugerindo diferentes quantidades de produto de amplificação. O perfil dos híbridos experimentais com elevada produtividade, obtido como resultado da reação de PCR com o iniciador P28 (5-'GACCGCTTGT-3'), apresentou 12 amplicons com comprimento 130-830 pb (fig. 6.4 e 6.5). Os genótipos das formas parentais dos híbridos H274 e H273 contêm 3 amplicons comuns: P28480, P28500, P2 8600, os dois últimos diferem de acordo com a intensidade de fluorescência em função do genótipo. Os outros 9 produtos de amplificação com estes primers apresentaram um polimorfismo estimado através da presença ou ausência e da luminosidade.

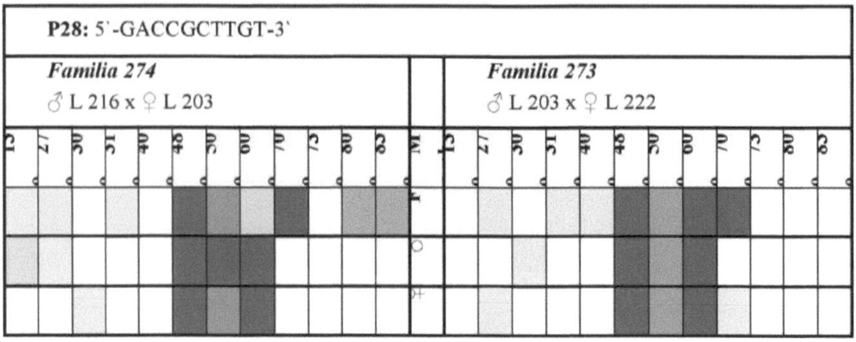

Ampliconi cu o intensitate a fluorescenţei: mică ▢ medie ▢ mare ▢

Figura 7.4. Representação esquemática do espetro RAPD gerada pelo primer P28 em hybri com alta produtividade e formas parentais

As linhas heterozigotas paterna e materna do híbrido 274 são caracterizadas através de duas (P28130, P28270) e 1 (P28300) bandas polimórficas. Todas as 3 têm uma fluorescência baixa. A linha paterna do híbrido 273 é semelhante à linha materna do Fi 274 (L203). Outra linha parental deste híbrido - L222 contém duas bandas polimórficas, uma semelhante em dimensões à linha paterna P28270, de Fi 274, a segunda com peso molecular de 700 pb (fig. 6.4, 6.5).

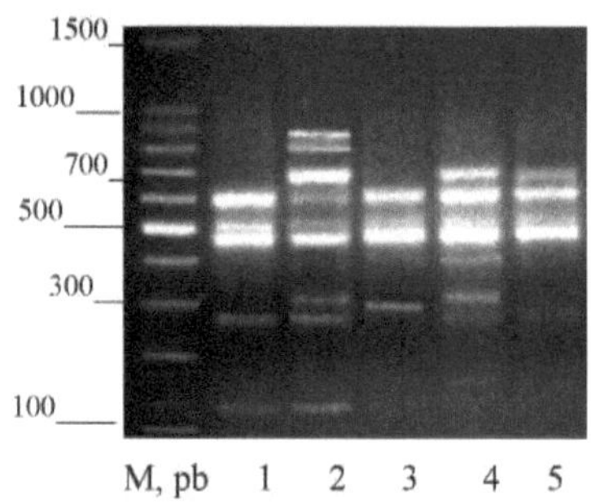

Figura 7.5. Perfil electroforético RAPD gerado pelo primer P28 em híbridos com elevada produtividade e formas parentais.

M-testemunha: *1-L216; 2-H 274; 3-L203; 4-H 273; 5-L222*

Os híbridos 274 e 273 contêm 6 e 4 locus polimórficos, respetivamente. A forma heterozigótica 274 herdou da linha paterna 2 componentes polimórficos P28130 e P28270 e os outros 4 amplicões, um com peso molecular pequeno -

P28310 e 3 com peso molecular médio P28700, P28800, P28 830 são específicos. Ao contrário do primeiro híbrido que analisámos, o H273 contém 2 amplicons P28270 e P28700 que estão presentes na linha materna e 2 amplicons P28310 e P 28400 que estão ausentes em ambos os homozigotos parentais.

Uma caraterística específica destes híbridos é o facto de o amplicon P28300, que está presente no perfil L203, não ser herdado por nenhum deles.

O estudo do polimorfismo molecular com a ajuda das sequências ADN, amplificadas arbitrariamente com o iniciador P36 (5'-CCGAATTCGC-3'), revelou a presença de 7 fragmentos de amplificação com o comprimento de 450-950 pb (fig. 6.6 e 6.7).

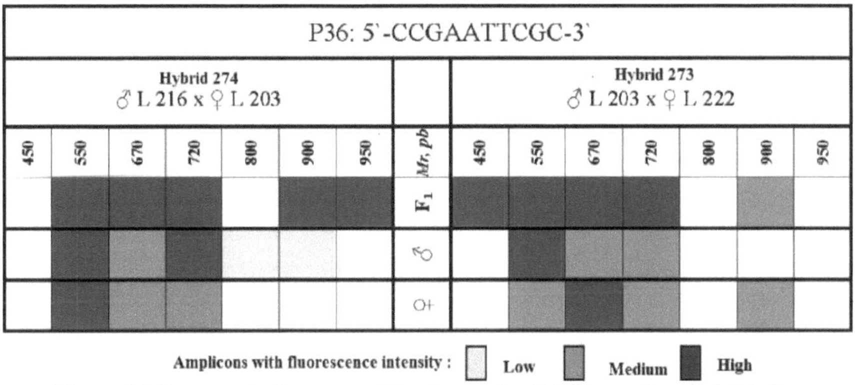

Figura.6.6 Representação esquemática do espetro RAPD gerado pelo iniciador P36 em híbridos com elevada produtividade e formas parentais.

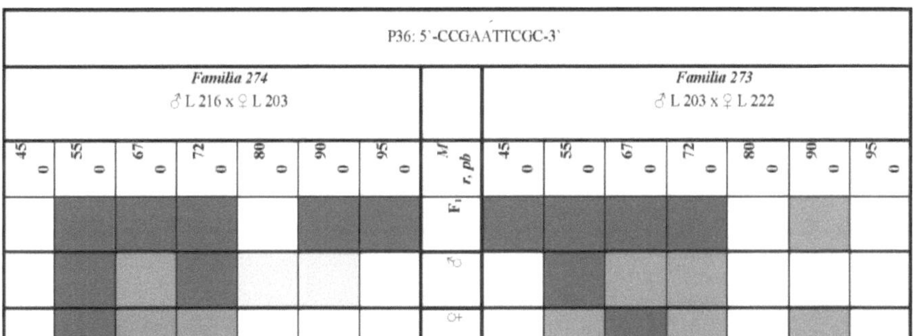

A análise RAPD do H274 e das suas formas parentais determinou 6 bandas com peso molecular entre 550 e 850 pb. Tal como o primer P28, 3 amplicons com o mesmo peso molecular mas com conteúdos diferentes foram comuns às formas homo e heterozigotas. A forma parental 203, que é comum para ambas as combinações de cruzamento, não contém amplicons específicos. Outras 2 formas parentais dos híbridos analisados têm um número diferente de bandas polimórficas e uma intensidade de fluorescência diferente.

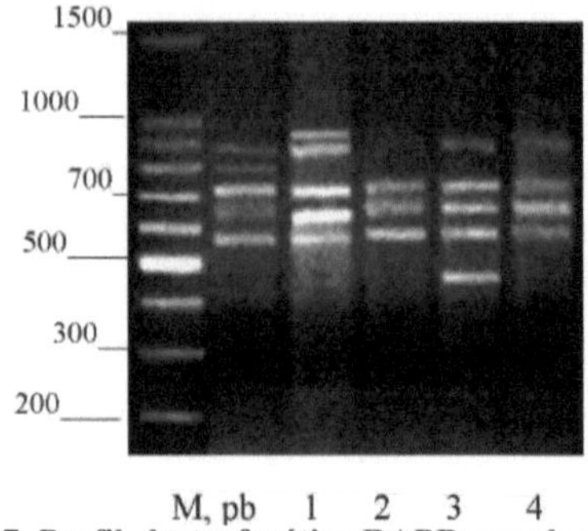

Figura 7.7. Perfil electroforético RAPD gerado por primer P36 em híbridos com elevada produtividade e formas parentais

A linha paterna do híbrido H274 contém 2 bandas polimórficas P3 6800 e P36900, a linha materna contém apenas uma fração P36900 (fig. 6.6 e 6.7). Os espectros electroforéticos dos híbridos contêm todos os amplicons encontrados nos pais, exceto o amplicon P36800 que não está presente no perfil H274. Encontrámos neste híbrido um amplicon que não está presente nas formas parentais - P36950. O híbrido H273 também contém um amplicon específico com peso molecular 450 pb.

O primer 37 (5'-CTGACCAGCC-3') gerou um perfil com 6 sequências polinucleotídicas. 2 delas são comuns aos genótipos anteriores: P3 7280 e P371300. Estes amplicons têm conteúdos diferentes. O P37280 tem uma fluorescência mais intensa em comparação com um amplicon de maior peso molecular - P471300. A maioria das bandas polimórficas tem uma intensidade de brilho média (fig. 6.8 e 6.9). A linha 203 tem apenas uma banda polimórfica, P37480, proveniente de H274. A linha paterna contém 2 amplicões específicos P3 7 560 e P3 7900 que estão presentes no perfil do genótipo heterozigótico. A linha H274 difere de ambas as linhas parentais pela presença do produto de amplificação P37600.

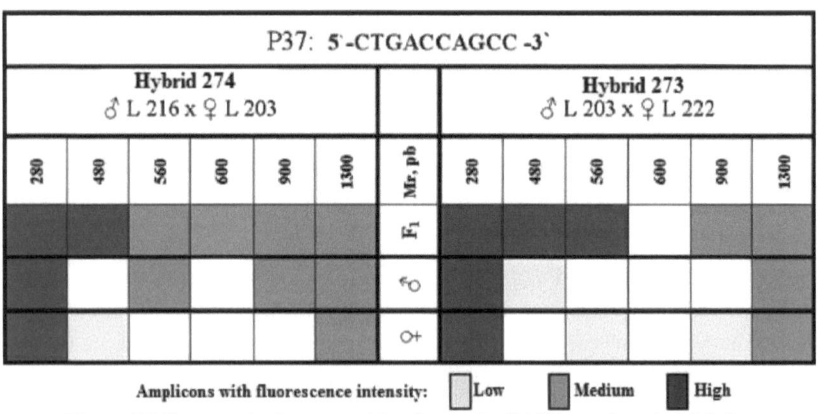

Figura.6.8. Representação esquemática do espetro RAPD gerado pelo iniciador P37 em híbridos com elevada produtividade e formas parentais.

Os electroforgramas dos produtos de amplificação ADN do híbrido 273 e das suas formas parentais apresentam 5 bandas com peso molecular entre 280 e 1300 pb. A forma materna difere da paterna pela presença de 2 bandas polimórficas com peso molecular médio: P37560, P3 7900 com uma intensidade de brilho baixa (fig. 6.9).

Ao contrário da forma heterozigótica H274, a forma H273 não tem nenhuma banda especial, todos os 5 amplicons vieram dos pais.

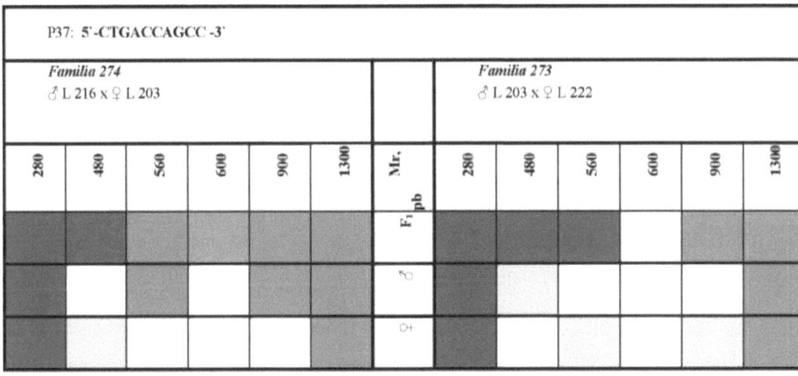

Os espectros electroforéticos obtidos a partir do prime P44 apresentaram mais claramente o polimorfismo, determinado pelo genótipo homo ou heterozigótico e pela associação em combinações de linhas homozigóticas cruzadas. O P44 gerou 12 componentes polinucleotídicos com dimensões 100 - 100 (fig. 6.10 e 6.11).

O espetro electroforético obtido no resultado da PCR com o **primer P44** apresentou um polimorfismo mais pronunciado, determinado pelo genótipo homo ou heterozigótico, pelo módulo de aspiração em combinações de incrustações na linhagem homozigótica. Este primer gerou 12 componentes polinucleotídicos com dimensões de 100- 1000 pb variáveis em contínuo.

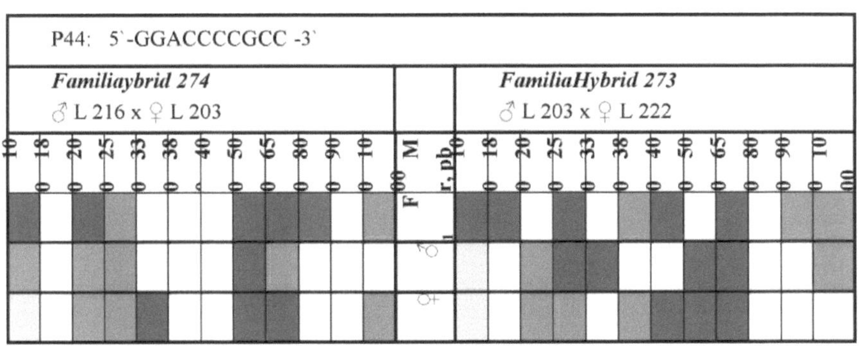

Ampliconi cu o intensitate a fluorescenței: mică ☐ medie ☐ mare ☐

Figura 7.10. Representação esquemática do espetro RAPD gerado pelo iniciador P44 em híbridos com elevada produtividade e formas parentais

Profilele RAPD ale primerului P44 au demonstrat trei produsi de amplificare comuni pentru formele parentale si hibrizii de prima generate a ambelor familii. As acções são P441oo, P44250 e P44650.

Genotipul heterozigot H 274 s-a caracterizat prin prevents a patru benzi polimorfe: P44soo - specifica, P442oo, P44soo prezente si la formele homozigote, si P44iooo cu dimensiunea de 1000 pb mostenita de la linia de mama. Linia paterna are doua benzi polimorfe cu dimensiunea de 200 si 500 pb. Linia materna este mai heterogena, prezentand patru benzi polimorfe dintre care banda de 330 pb in lungime este specifica, lipsind la tata si la hibrid.

Linia materna a hibridului H 273 de asemenea confine patru benzi polimorfe, insa nici una dintre ele nu este specifica. Toate secventede sunt prezente si in genotipul homozigot patern (P442oo, P445oo) sau in cel heterozigot (P44sso, P444oo).Fig 6.10 Representação esquemática do espetro RAPD gerado pelo prime P44 em híbridos com elevada produtividade e formas parentais.

Os perfis RAPD de P44 revelaram 3 produtos de amplificação comuns às formas parentais e aos híbridos da primeira geração: P44ioo, P44250, P44650.

O genótipo heterozigoto H274 tem 4 bandas: P44soo - específica, P442oo, P44soo - presente nas formas homozigotas, P44iooo com dimensões de 1000 pb herdadas da linha materna. A linha paterna tem 2 bandas polimórficas com dimensões de 200 e 500 pb. A linha materna é mais heterogénea, apresentando 4 bandas. A banda de 330 pb de comprimento é especial, ausente no pai e no híbrido.

A linha materna do H273 também tem 4 bandas, mas nenhuma delas é específica. Todas as sequências estão presentes no genótipo paterno homozigótico (P442oo, P445oo) ou heterozigótico (P44380, P444oo).

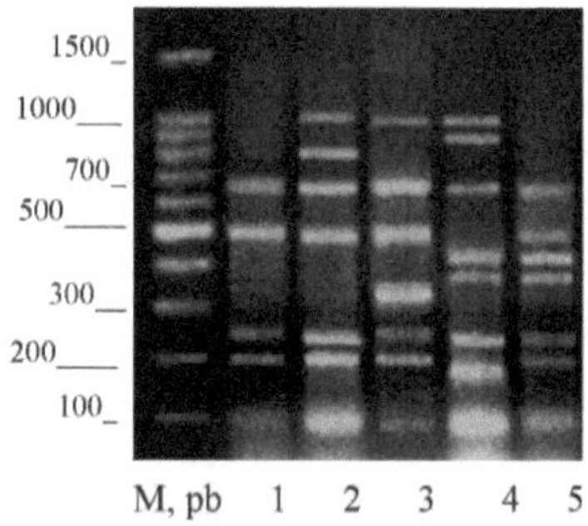

Figura 6.11. Perfil eelectroforético de RAPD gerado por primer P44 em híbridos com 0 e alta produtividade e formas parentais

M-testemunha; 1- L216; 2-H 274; 3-L203; 4-H 273; 5-L222

A análise comparativa dos espectros electroforéticos dos híbridos Vzglead e Epilog e das suas formas parentais demonstrou que os produtos de amplificação de ADN com prime P28 se separaram em 6 e 7 componentes electroforéticos, respetivamente, sendo 4 deles polimórficos. O comprimento dos fragmentos de amplificação situa-se entre 270 e 730 pb (fig. 6.12 e 6.13).

Os amplicons P28480, P28500, P28600, que são comuns para genótipos de híbridos com alta produtividade, também estão presentes nestes genótipos heterozigóticos e homozigóticos, que variam de acordo com a intensidade de brilho das bandas dentro de uma combinação cruzada {talvez polinização cruzada}.

As formas parentais dos híbridos homologados diferem das formas parentais dos híbridos H274 e H273: os seus amplicões têm maior brilho do que os amplicões de H274 e H273.

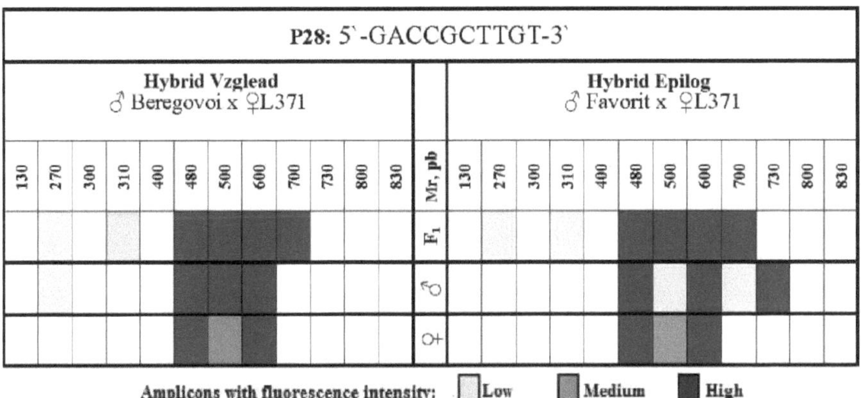

Figura 6.12. Representação esquemática do espetro RAPD gerado pelo iniciador P28 em híbridos com elevada produtividade e formas parentais

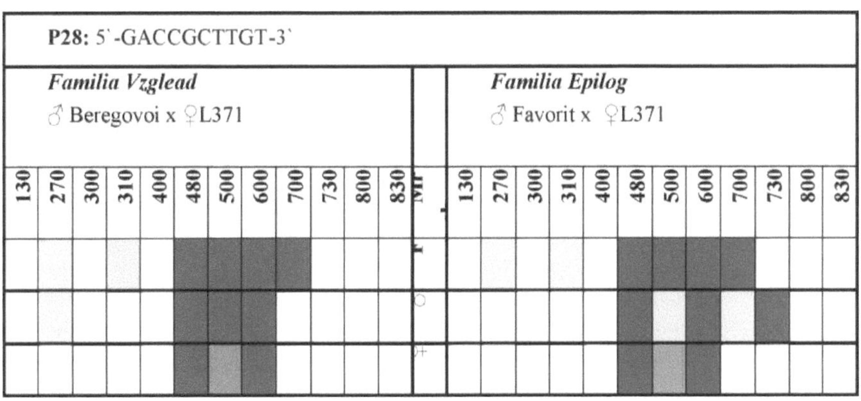

A forma materna dos híbridos não contém quaisquer bandas específicas, ao contrário das formas paternas que
apresentam um produto de amplificação P28270 na seleção Beregovoi e 2 produtos de amplificação P28700 e P28730 na seleção
Epílogo. (fig. 6.13)

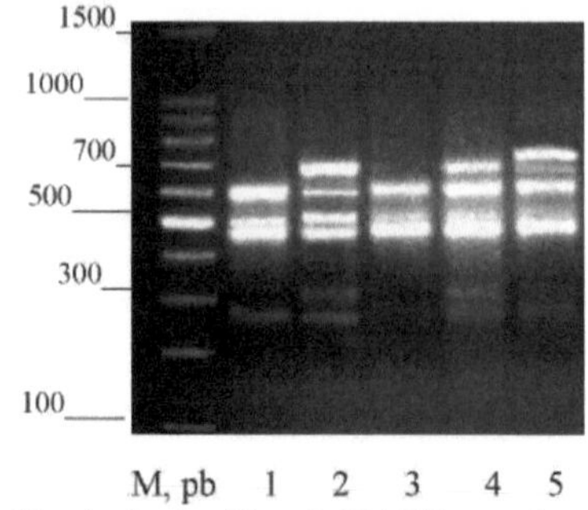

Figura 7.13. Perfil eelectroforético do RAPD gerado pelo iniciador P28 em híbridos com alta produtividade homologada e formas parentais

M-testemunha; 1- Beregovoi; 2- Vzglead; 3-L 371; 4-Epilog; 5-L222

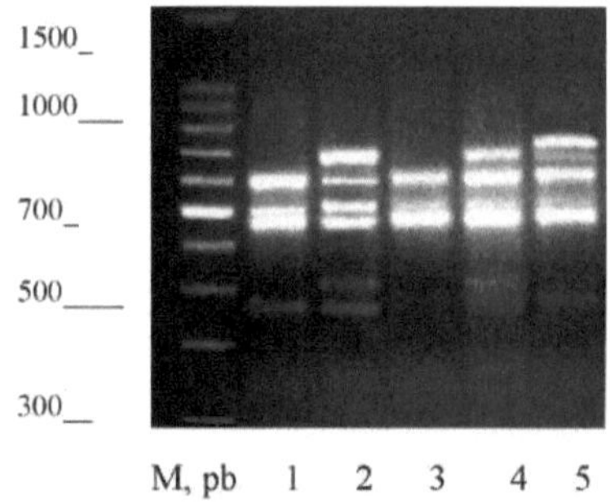

Figura 7.13. Perfil electroforético RAPD gerado por primerul P28 la hibrizii inalt productivi omologali si formele parentale

M-martor; 1- Beregovoi; 2- Vzglead; 3-L 371; 4-Epilog; 5-L222

O genótipo heterozigótico Vzglead contém 3 bandas polimórficas: P28270 está presente na forma parental e P28310 e P28700 estão ausentes.

O híbrido Epilog tem um perfil semelhante ao perfil do híbrido Vzglead. Não contém o amplicon P28730 que está presente na linha paterna.

Os electroforgramas dos produtos de amplificação do ADN do híbrido Vzglead e das formas parentais permitiram distinguir uma banda específica com peso molecular de 450 pb na linha materna, a ausência de componentes específicos na forma paterna e a presença de um amplicon específico com comprimento de 900 pb.

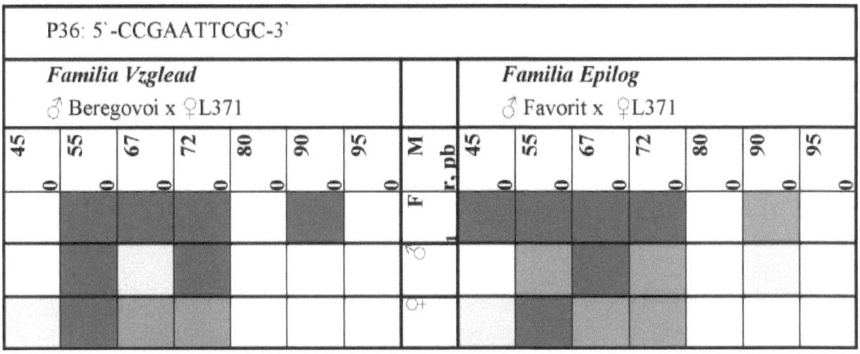

Representação esquemática do perfil RAPD gerado pelo iniciador P36 em híbridos com alta produtividade homologada e formas parentais.

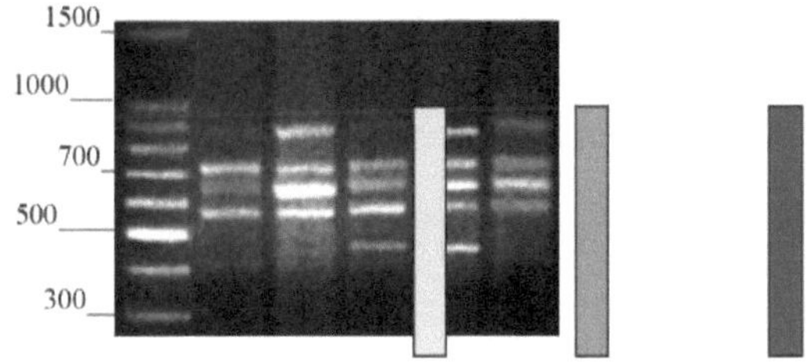

Figura 7.14. Esquema de representação do espetro RAPD gerado pelo primerul P36 la hibrizii înalt productivi omologali si fórmele parentale

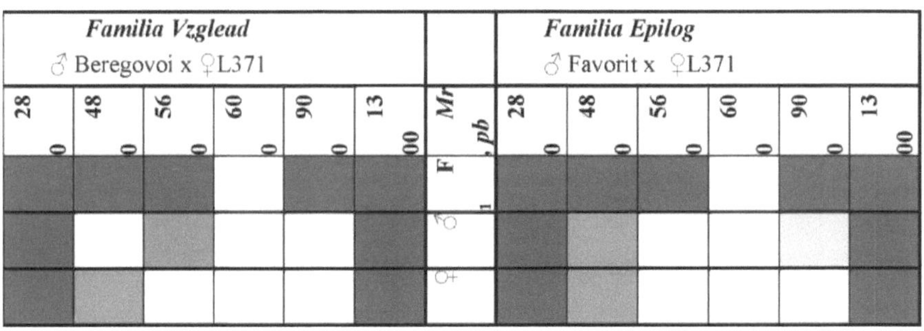

Fig 6.16 Representação esquemática do espetro RAPD gerado pelo primer P37 em híbridos com alta produtividade e formas parentais. 1 - Beregovoi, 2 - Vzglead, 3 - L371, 4 - Epilog, 5 - L222.

O híbrido Epilog não apresentou quaisquer caraterísticas ao nível electroforético das linhas parentais. Ao contrário do híbrido Vzglead, o genótipo heterozigótico Epilog herdou todos os componentes dos progenitores.

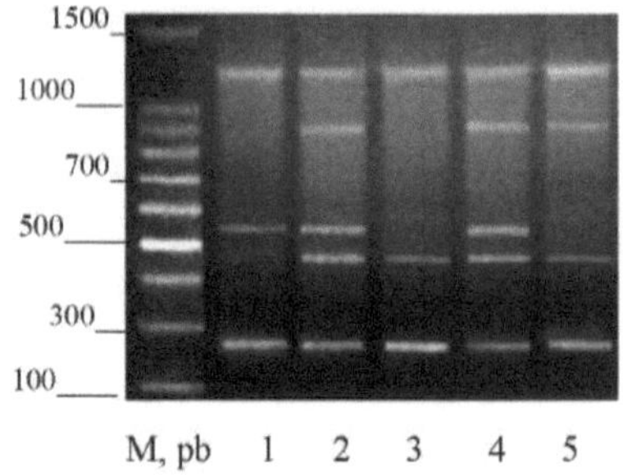

Figura 7.17. Perfil electroforético RAPD gerado por primerul P37 la hibrizii înalt productivi omologali si fórmele parentale

M-martor; 1- Beregovoi; 2- Vzglead; 3-L 371; 4-Epilog; 5-L222

formas parentais de híbridos experimentais com alta produtividade, no perfil com este primer observamos 5 bandas comuns de formas homo e heterozigóticas, incluindo os amplicons P44500 que apresentaram polimorfismo na presença ou ausência na primeira combinação cruzada analisada (fig. 6.18 e 6.19)

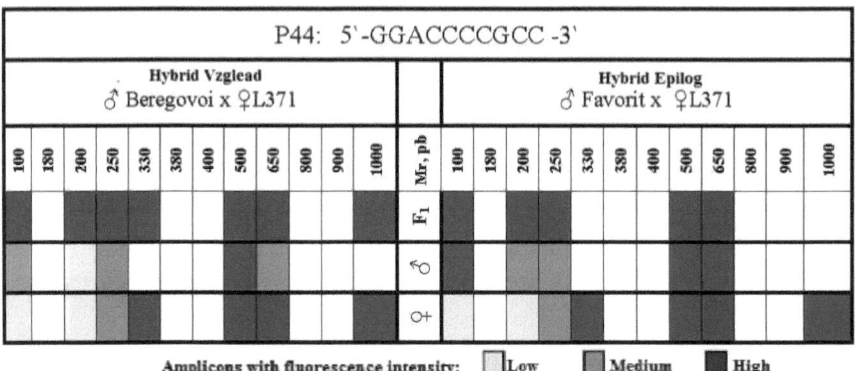

Figura 6.18. Representação esquemática do espetro RAPD gerado por primer P44 em híbridos homologados com elevada produtividade e formas parentais

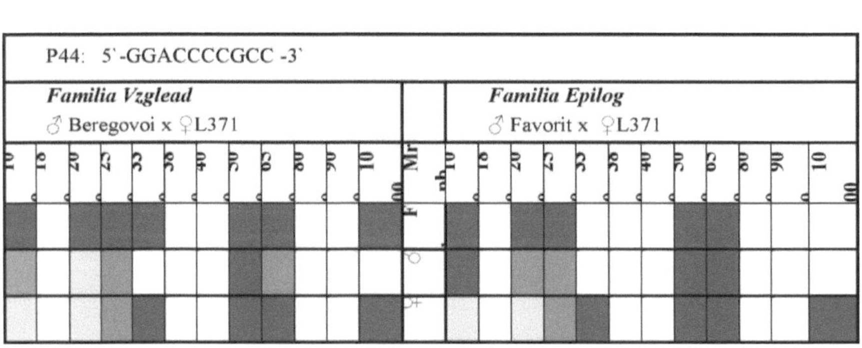

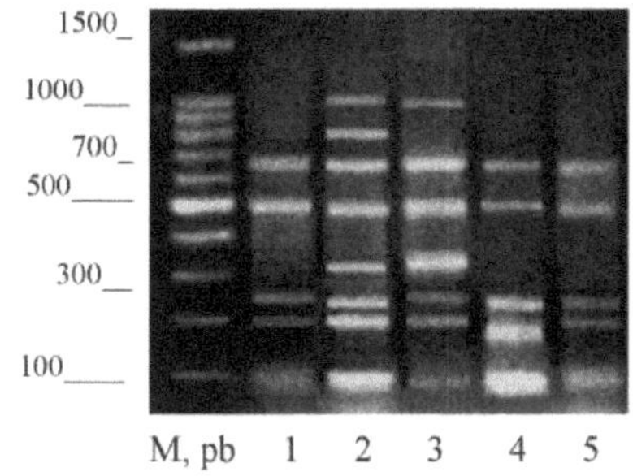

Figura 7.19. Perfil eelectroforético do RAPD gerado pelo iniciador P44 em híbridos com alta **produtividade** homologada **e formas parentais**

M-martor; 1- Beregovoi; 2- Vzglead; 3-L 371; 4-Epilog; 5-L222

O híbrido Vzglead tem 3 bandas polimórficas, 2 das quais estão presentes na forma materna. O híbrido Epilog não contém estes amplicons.

6.4 Análise do polimorfismo genético em híbridos de alta produtividade.

A análise do espetro RAPD nos híbridos H6 e H7 e nas suas formas parentais com o prime P28 mostrou a presença de diferenças qualitativas e numéricas. O genótipo materno, comum a ambos os híbridos, foi caracterizado por 2 amplicons polimórficos: P28270 e P28700. As formas paternas diferem das formas maternas pela ausência das fracções P28700 em H6 e P28270 em H7 (fig. 6.20 e 6.21).

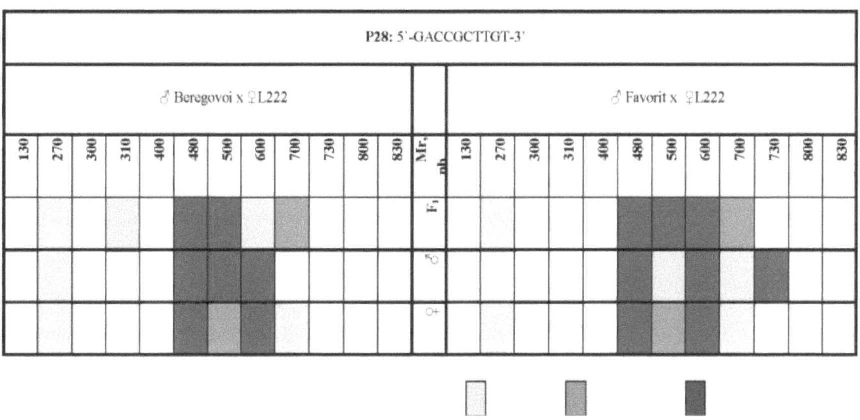

Figura 7.20. Representação esquemática do perfil RAPD gerado pelo iniciador P28 em híbridos de baixa **produtividade e formas parentais**

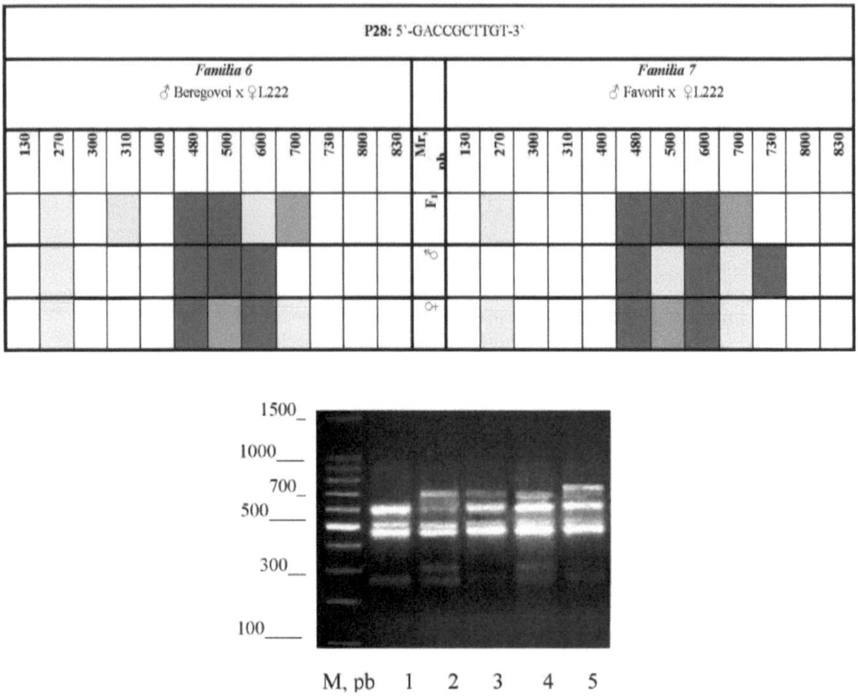

Figura 7.21. Perfil eelectroforético do RAPD gerado pelo iniciador P28 em híbridos de baixa produtividade e formas parentais

M-testemunha; *1- Beregovoi; 2- H6; 3-L 222; 4-H 7; 5- Favorit*

que P28270 está presente nas formas parentais de H6 e P28700 está presente nas formas parentais do híbrido H7.

Os híbridos diferem entre si ao nível do produto de amplificação com a dimensão de 310 pb que está presente em H6 e está ausente em H7, incluindo variações quantitativas do produto de amplificação inespecífico (Fig. 6.20).

Os padrões dos amplicons obtidos pela amplificação dentro do **primer P36** são caracterizados pela presença de três bandas inespecíficas que estão presentes em todos os genótipos analisados indiferentemente da combinação da secção transversal, uma banda polimórfica no híbrido H6 com o peso molecular de 900 pb, que também está contida na linha materna e um amplicon específico P36450 no caso do híbrido H7. (fig.6.22. e 6.23.).

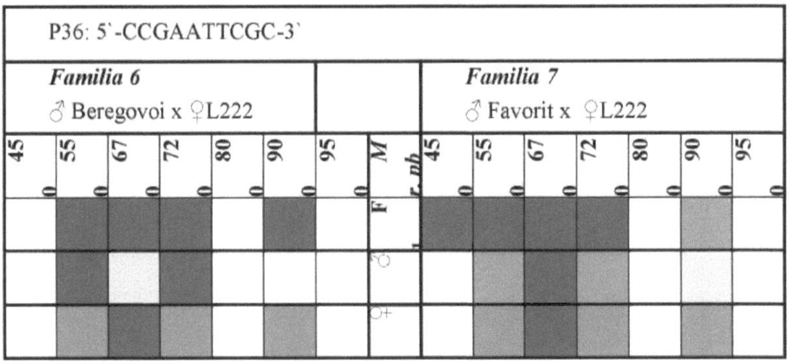

Ampliconi cu o intensitate a fluorescenţei: mică [ ] medie [ ] mare [ ]

Figura 7.22. Representação esquemática do perfil RAPD gerado pelo iniciador P36 em híbridos de baixa produtividade e formas parentais

Na maioria dos casos, o perfil de ADN do híbrido da minha primeira geração contém os fragmentos registados nas duas linhas homozigóticas.

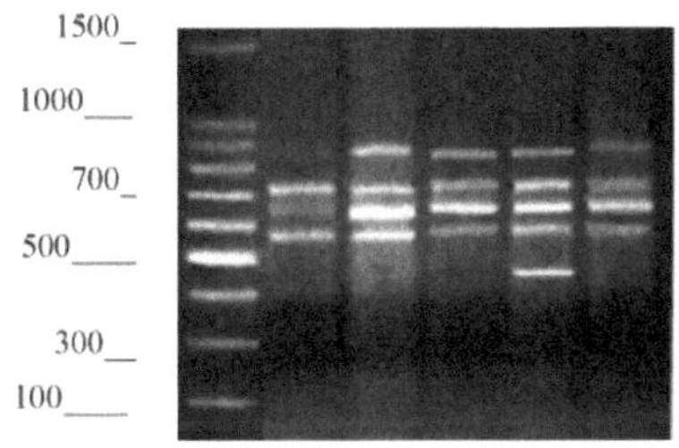

Figura 7.23. Perfil electroforético do RAPD gerado pelo iniciador P36 em híbridos de baixa produtividade e formas parentais

M-testemunha; *1-Beregovoi; 2- H6; 3-L 222; 4-H 7; 5- Favorit*

Ao nível dos espectros dos amplicons obtidos com o primer P37, observou-se a presença de duas bandas inespecíficas e três sequências de DNA polimórfico com o comprimento 480,560 e 900 pb. (fig.6.24. e 6.25.).

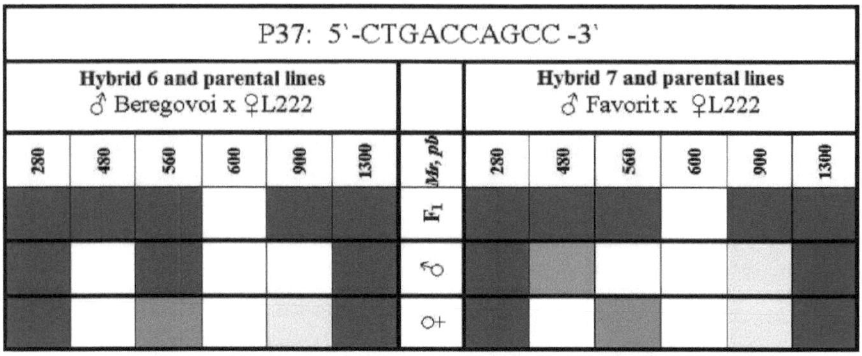

Amplicons with fluorescence intensity : Low Medium High

Figura 6.24. Representação esquemática do espetro RAPD gerado pelo primer P37 nos híbridos de baixa produtividade e nas formas parentais.

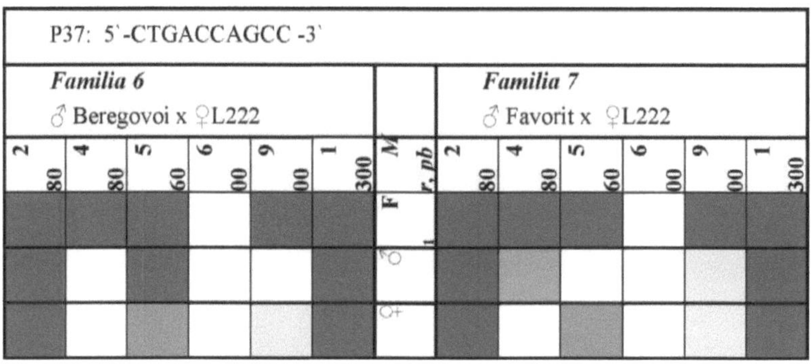

A análise dos híbridos H6 e H7 apresenta semelhança ao nível de todos os produtos de amplificação, incluindo os amplicões das formas parentais.

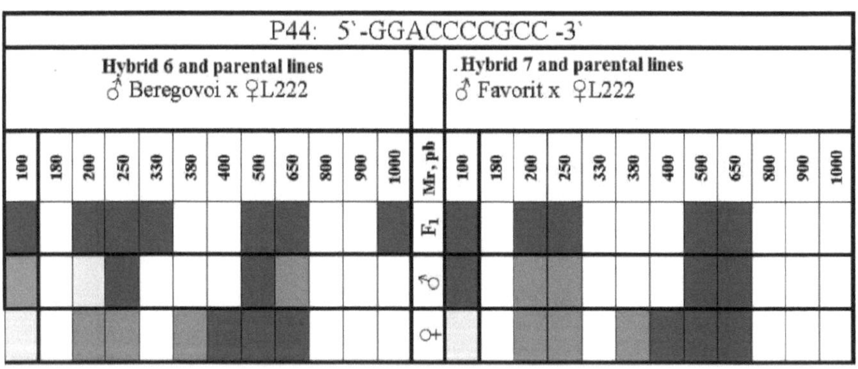

Amplicons with fluorescence intensity : Low Medium High

Figura 6.26 Representação esquemática do espetro RAPD gerado pelo iniciador P44 em híbridos com baixa produtividade e formas parentais.

O perfil RAPD gerado pelo primer 44 demonstrou ter a mesma heterogenidade quando comparado com os demais primers, que foram observados na análise dos híbridos com alta produtividade. Diferentemente dos híbridos experimentais com alta produtividade, mas semelhante com os homologados, no perfil obtido com este premier foram encontradas 5 bandas que foram comuns às formas homozigotas e heterozigotas.Incluindo o amplicon P44500 que, na análise, apresentou polimorfismo de presença/ausência na primeira combinação cruzada.(fig.6.26. e 6.27.)

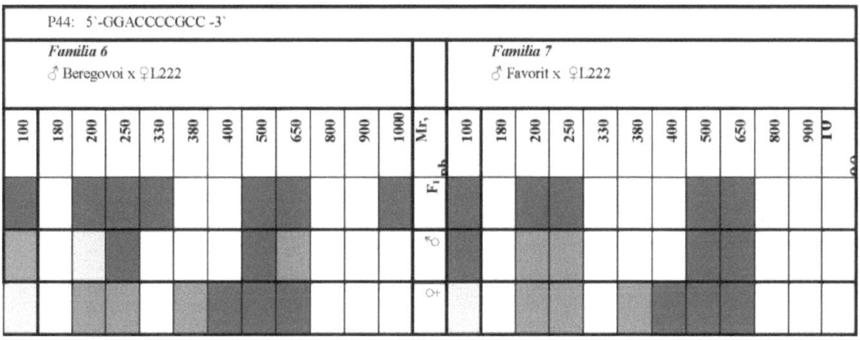

O híbrido H6 tem duas bandas polimórficas que estão em falta em ambos os progenitores: P44330,

P44iooo.Ao contrário do H6, o híbrido H7 não contém amplicões específicos. In cazul acestui hibrid sau inregistrat doar benzi nespecifice, comune pentru toate genotipurile luate in studiu. De asemenea, din profilul sau lipsesc ampliconii cu dimensiunea de 380 si 400 pb prezenti la linia materna. Acesti ampliconi nu se contin nici in spectrul produselor RAPD a genotipului heterozigot H6.

Para este híbrido foram registadas apenas duas bandas inespecíficas, que são comuns a todos os genótipos estudados. Os amplicons com as dimensões 380 e 400 pb estão ausentes do seu perfil, mas estão presentes na linha matrilinear. Os espectros dos produtos RAPD do genótipo heterozigótico de H6 também não contêm estes amplicons.

6.5. Aspectos relativos ao polimorfismo genético-molecular em diferentes genótipos de pepino.

A análise RAPD de dois híbridos experimentais com alta produtividade em comparação com os híbridos homologados e experimentais com baixa produtividade, incluindo as formas parentais, permitiu-nos observar a heterogeneidade do material de melhoramento pelo número de locos, dimensões e conteúdo. Os produtos de amplificação gerados por oito premier-decamers foram representados por amplicons com dimensões variadas, de 100 pb a 1300 pb. Os primers P43, P46, P48 e P49 produziram padrões com 1-4 bandas que eram semelhantes a todos os genótipos homozigóticos e heterozigóticos. Os primers P28, P36, P37 e P44 apresentaram um polimorfismo genético que dependia do primer e do genótipo. O rastreio RAPD dos primers investigados revelou 26 locus polimórficos que tinham uma presença variada nos genótipos analisados. (tab.6.2.).

Quadro 7.2 Polimorfismo de RAPD em diferentes genótipos de Tnúmero de sAssimorfismo inespecífico

Primeri	Nr. total de ampliconi	Amplicon i nespecifici	Ampliconi polimorfi $^{Frecvența\ (\%)}$
P28	12	$P28_{480}$ $P28_{500}$ $P28_{600}$	$P28_{130}^{1.3}$ $P28_{310}^{3.3}$ $P28_{270}^{7.9}$ $P28_{400}^{0.6}$ $P28_{730}^{1.3}$ $P28_{300}^{1.3}$ $P28_{700}^{6.6}$ $P28_{800}^{0.6}$ $P28_{830}^{0.6}$
P36	7	$P36_{550}$ $P36_{670}$ $P36_{720}$	$P36_{450}^{3.3}$ $P36_{900}^{7.9}$ $P36_{800}^{0.6}$ $P36_{950}^{0.6}$
P37	6	$P37_{280}$ $P37_{1300}$	$P37_{480}^{7.9}$ $P37_{600}^{0.6}$ $P37_{560}^{7.9}$ $P37_{900}^{7.3}$
P44	12	$P44_{100}$ $P44_{250}$ $P44_{650}$	$P44_{180}^{0.6}$ $P44_{380}^{2.0}$ $P44_{800}^{0.6}$ $P44_{200}^{11.3}$ $P44_{400}^{2.6}$ $P44_{900}^{0.6}$ $P44_{330}^{3.9}$ $P44_{500}^{11.3}$ $P44_{1000}^{5.3}$

Os primers P28 e P44 foram os mais úteis, pois apresentaram o maior polimorfismo molecular: P2 8 830; P28400; P2 8800; P3 6800; P36950; P37600; P44800; P44180; P44900 apresentaram a menor frequência no genoma. Este facto sugere que estes amplicons têm um elevado grau de especificidade genotípica.

O nível de polimorfismo difere de um genótipo para outro. O maior grau de diversidade genética foi registado nos híbridos com uma heterozigotia superior, e o menor grau de diversidade genética foi registado nos híbridos com baixa produtividade, especialmente o híbrido H7. (tab.6.3.).

Tabela 7.3. Heterogeneidade em diferentes genótipos de pepino

Genotip			Hibrizi cu: *Effect of superior heterosis* (H274 şi H273)		*Low productive homolog* (Vzglead şi Epilog)		*The lowest productive* (H6 şi H7)	
F_1	♂	♀	Ampliconi					
+	+	+	$P44_{200}$ $P44_{500}$		$P44_{200}$ $P44_{500}$	$P44_{200}$ $P37_{480}$ $P44_{500}$	$P44_{200}$ $P28_{270}$ $P44_{500}$ $P37_{560}$	$P44_{200}$ $P44_{500}$ $P28_{700}$ $P36_{900}$ $P37_{900}$
+	+		$P28_{130}$ $P28_{270}$ $P37_{560}$ $P37_{900}$	$P37_{480}$ $P44_{1000}$	$P28_{270}$ $P37_{560}$	$P28_{700}$ $P36_{900}$ $P37_{900}$	$P37_{560}$	$P37_{480}$
		+	$P28_{300}$ $P28_{310}$ $P44_{330}$	-	$P36_{450}$	$P44_{330}$ $P44_{1000}$	$P44_{380}$ $P44_{400}$	$P44_{380}$ $P44_{400}$
+		+	$P37_{480}$ $P36_{900}$ $P44_{1000}$	$P28_{270}$ $P44_{380}$ $P44_{400}$ $P37_{560}$ $P28_{700}$ $P36_{900}$ $P37_{900}$	$P37_{480}$ $P44_{330}$ $P44_{1000}$	$P36_{450}$	$P28_{700}$ $P36_{900}$ $P37_{900}$	$P28_{270}$
	+	+		$P44_{200}$ $P44_{500}$				
+			$P37_{600}$ $P28_{700}$ $P28_{800}$ $P44_{800}$ $P28_{830}$ $P36_{950}$	$P44_{180}$ $P28_{310}$ $P28_{400}$ $P36_{450}$ $P44_{900}$	$P28_{310}$ $P28_{700}$ $P36_{900}$	$P28_{310}$ $P28_{270}$ $P37_{560}$	$P28_{310}$ $P44_{330}$ $P37_{480}$ $P44_{500}$	$P36_{450}$
	+		$P36_{800}$	$P28_{300}$ $P44_{330}$	$P37_{900}$	$P28_{730}$		$P28_{730}$

* *Na análise são incluídos apenas os amplicons polimorfos*

A análise relativa dos perfis RAPD nos genótipos homozigotos comprovou que as formas parentais dos híbridos H6 e H7 foram as mais semelhantes do ponto de vista genético. As maiores diferenças foram registadas nas linhas parentais dos híbridos com elevada produtividade. Na maioria dos casos, os amplicons de PCR foram herdados pelo modelo de dominação ou co-dominação.

RESULTADO

A análise comparativa de sete grupos de genótipos de pepino com diferentes níveis de produtividade revelou uma alta variabilidade específica para os índices genético-fisiológicos estudados, mostrando um certo grau de CCG e CCS associado à heterose. A superioridade da primeira geração de híbridos tem sido impulsionada principalmente pelo seu desenvolvimento somático refletido pela acumulação de biomassa; o aumento da atividade enzimática do catalisador demonstrando uma elevada capacidade de adaptação das plantas e o seu vigor.

A abordagem do polimorfismo do ponto de vista bioquímico, ao nível dos componentes electroforéticos, revelou o mais elevado grau de polipéptido heterogéneo para os híbridos experimentais H 273, H 274 e H 275 em relação aos homologados e aos de baixa produtividade.

O número de grandes fracções específicas (em 20,4% dos casos) e o predomínio de formas de perfil electroforético de componentes híbridos com maior intensidade de atividade corante demonstram a atividade funcional do genoma como resultado dos efeitos de complementaridade, integração e compensação provocados por interações associativas favoráveis aos genes estruturais e reguladores, o que assegura a manifestação do fenómeno de heterose, confirmado por numerosos dados sobre este fenómeno correlacionados com diferentes índices de processos metabólicos e morfogenéticos [4, 6,15, 18, 38, 40, 41].

Por exemplo, considera-se que no cruzamento de duas linhas consanguíneas ocorre, em primeiro lugar, o enriquecimento dos sistemas enzimáticos como resultado da soma dos genes codificadores da enzima e, em segundo lugar, a formação de moléculas híbridas de enzimas, em particular as de estrutura quaternária, com uma maior atividade enzimática.

Estes efeitos são obtidos no caso de uma combinação favorável de genes e de um heterozigoto estruturalmente ajustável [45, 47, 88]. Outra caraterística importante do organismo, que representa a complexidade do heterozigoto, é o polimorfo proteico geneticamente elevado, que forma a base da organização molecular da bioestrutura das macromoléculas do núcleo celular e do citoplasma [23, 25, 27, 35, 122, 123, 127].

Uma caraterística distintiva dos híbridos experimentais gerais de alta e baixa produtividade utilizados neste estudo é o alto grau de diferenças entre as linhagens parentais e a capacidade combinatória geral e específica alta revelada pela inexistência de casos em que os componentes presentes em ambos os parentais não sejam rastreados pelo genótipo heterozigoto. Também pode ser mencionado o grande número de componentes que ocorrem em novembro, mostrando-lhes um maior nível de plasticidade operacional.

Foram encontrados aspectos semelhantes aos polipeptídeos heterogenéticos e aos perfis RAPD. As formas parentais dos híbridos e 6 H H 7 com baixa produtividade foram as mais semelhantes em termos genéticos, e as maiores diferenças foram registadas em termos das linhas parentais dos híbridos com alta produtividade. Na maioria dos casos, os amplicons de PCR foram herdados após o tipo dominante ou codominante.

Assim, generalizando os resultados obtidos neste trabalho, pode-se concluir que o maior efeito de heterose, encontrado em híbridos experimentais com alta produtividade, é determinado por linhas de cruzamento, que se distinguem pela estrutura das regiões activas do genoma e pelas fracções de atividade sumária da proteína. Talvez, como diferenças qualitativas no espetro da proteína electroforética e os amplicons RAPD-PCR representa um dos eventos com ação aditiva modificando a compensação genética e loci mútuos funcionalmente activos, que depende do efeito da combinação da expressão do efeito de heterose.

CONCLUSÃO

1. A análise comparativa dos parâmetros bioquímicos e morfofisiológicos dos sete híbridos da espécie *cucumis sativus L.* permite separá-los em grupos com diferentes graus de manifestação da heterose, que se correlaciona com a produtividade dos híbridos nas condições de estufa e no campo, que é altamente significativa para os factores que determinam o crescimento intenso dos órgãos vegetativos, facto que demonstra a maior importância da heterose somática na manifestação do vigor dos híbridos.

2. Verificou-se que, de acordo com as caraterísticas bioquímicas e morfofisiológicas, a linha L203 tem o maior espetro com efeitos favoráveis da capacidade geral e específica de combinação. Para a linha L222 e as variedades "Beregovoi" e "Favorit" foram registados valores negativos ou muito inferiores para a CCG e a CCS.

3. A análise SDS-PAGE das proteínas solúveis mostrou que existe um poliformismo proteico variado que depende do genótipo. A análise também revela a presença de 30 bandas polipeptídicas, das quais 18 eram polimórficas e 12 eram polipeptídeos inespecíficos.

4. No caso dos híbridos experimentais com elevada produtividade, o perfil das fracções polimórficas difere essencialmente (20,4% de polipéptidos específicos em F1) do perfil dos híbridos homologados (5,6% de polipéptidos específicos em F1) e do perfil dos híbridos experimentais com baixa produtividade (0% de polipéptidos específicos em F1). Estes resultados revelam a interação dominante e aditiva dos genes e indicam as possibilidades de aparecimento de transgiração positiva na geração seguinte.

5. A análise dos espectros electroforéticos dos amplicones de RAPD-PCR em 12 genótipos de pepino com oito primers arbitrários permitiu-nos constatar uma elevada heterogeneidade do material de melhoramento. Este material reflecte a estrutura genotípica das linhas e híbridos, sendo que a maior diversificação genética foi encontrada em H273 e a menor em H7.

6. Quatro primers arbitrários marcaram 1-4 amplicons que eram idênticos para todos os genótipos, outros quatro primers tinham um alto grau de polimorfismo. O primer P28 e P44 tinham o maior polimorfismo molecular. Os seguintes amplicons: P28830; P28400; P2 8 800; P3 6800; P36950;

P37600; P44800; P44180; P44900 tiveram a presença mais baixa/menor no genoma do pepino. Este facto sugere um elevado grau de especificação genotípica.

PRÁTICA

Os materiais apresentados apontam para o material genético polimórfico ameliorativo, explorando caracteres do ponto de vista morfológico, bioquímico e molecular que podem ser utilizados para melhorar as plantas cultivadas, enquanto oferece oportunidades para prever o efeito da heterose numa fase incipiente do crescimento da planta.

As linhagens L 203 e L 371 destacaram-se pelos valores de maior capacidade combinatória após a maioria dos índices consultados e são recomendadas para inclusão no processo de melhoramento da heterose.

No seu conjunto, o trabalho constitui um suporte científico e metodológico no ensino de cursos de Genética e Melhoramento de plantas, e cursos especiais para uma explicação mais detalhada do fenómeno da heterose, podendo ser utilizado na formação de estudantes.

BIBLIOGRAFIA

1. ALTUKHOV Yu.P. Heterozigotia alozimática, taxa de mutação sexual e longevidade. Rus. J. Genetics, 1998, vol. 34, Nr. 7, p. 751-760.

2. BAKER R.J. Issues in diallel analysis. Crop Sci., 1978, vol. 18, p. 533-536.

3. BALOCH, M.J., A.R. Lakho e H.U. Bhutto. Análise de testadores de linha para estimar os componentes genéticos de alguns traços quantitativos em *(Gossypium hirsutum* L.). Sindh. J. Plant Sci., 1999, vol. 1, Nr.1, p. 28-34.

4. BALOCH, M.J., H.U. Bhutto, e A.R. Lakho. Estimativas da capacidade de combinação de linhas de testadores altamente adaptadas cruzadas com variedades de algodão *(Gossypium hirsutum* L.) de polinizadores. Pak. J. Sci. Ind. Res., 1997, vol. 40, Nr. 5, p. 95-98.

5. BERVILLE A. L'heteros is: approaches physiologiques et perspectives. Agron. trop., 1977, vol.32, Nr. 2, p. 171-176.

6. BETRAN F.J., RIBAUT J.M., BECK D., GONZALEZ DE LEON D. Genetic Diversity, Specific Combining Ability, and Heterosis. Em Tropical Maize under Stress and Nonstress Environments, *Crop Science,* 2003, vol. 43, p. 797-806.

7. BRADFORD M.M. Um método rápido e sensível para a quantificação de quantidades de microgramas de proteínas, utilizando o princípio do "protein doze biding". Analyt. Biochim., 1976, vol.72, p.248-254.

8. CHEN J.F., STAUB J.E., JIANG J. A reevaluation of karyotype in cucumber *(Cucumis sativus* L.). Euphytica, 1998, vol. 45, p. 301-305.

9. CHEN J.F., STAUB J.E., TASHIRO Y. Regeneração de híbridos interespecíficos entre *Cucumis sativus* L. x *C. hystrix* Chakr. Por cultura direta de embriões, Cucurbit Genetics Cooperative Rpt. (Boletim Técnico), 1996, vol. 19, p. 34-35.

10. CHEN J.F., STAUB J.E., TASHIRO Y., YOSUKE T., ISSHIKI S., MIYAZAKI S. Sucessful interspecific hydridization between *Cucumis sativus* L. and *C. hystrix* Chakr. Euphytica, 1997, vol. 96, p. 413-419.

11. CHEN J.F., LUO X.D., STAUB J.E., QIAN C.T., ZHUANG F.Y., REN G. Um alotriplóide derivado de um acasalamento anfidiplóide - diploide em Cucumis I: Produção, Micropropagação e Verificação. Euphytica. 2003, vol. 131, p. 235-241.

12. CHUNG S.M., GORDON V.S., STAUB J.E. Sequencing of cucumber (Cucumis sativus L.) chloroplast genomes identifies differences between chilling tolerant and susceptible cucumber lines. Genoma, 2007, vol. 50, p. 215-225.

13. CLOCZOWSKI Z. Criação de girassol oleaginoso na Polónia. Proc. 5th Intern. Conf. de Girassol. Clemont-Ferand, França, 1972, p. 258-261.

14. COYLE, G.G., e C.W. Smith. Combining ability for within-boll yield components in cotton, *(Gossypium hirsutum* L.). Crop Sci., 1997. vol. 37, Nr. 4, p. 1118-1122.

15. DIJKHUIZEN A., STAUB J.E. QTL condicionando caraterísticas de rendimento e qualidade de frutos em pepino (Cucumis sativus L.). Cucurbit Genetics Cooperative Rpt. (Boletim Técnico), 1999, vol. 22, p. 8-10.

16. DIJKHUIZEN A., KENNARD W.C., HAVEY M.J., STAUB J.E. RFLP variability and genetic relationships in cultivated cucumber. Euphytica, 1996, vol. 90, p. 79-89.

17. DUCA M., SAVCA E., PORT A. Fiziologia vegetala. Tehnici speciale de laborator. Chisinau, 2001, 173 p.

18. EL-SHAWAF I.I.S., BAKER L.R. Capacidade de combinação e variâncias genéticas de híbridos GXHFi para produção partenocárpica em pepino de conserva ginóico para colheita mecânica única. J Amer Soc Hort Sci., 1981, vol. 106, p. 365-370.

19. EL-SHAWAF I.I.S., BAKER L.R. Herança da produção partenocárpica em pepino de conserva ginóico para colheita mecânica única através da análise dialélica de seis linhas ginóicas. J Amer Soc Hort Sci., 1981, vol. 106, p. 359-365.

20. FALCONER D.S. "Introduction to Quantitative Genetics. Longman, Londres", 1981. 245 p.

21. FATIH, A.M.B., M.A. Khan. Análise genética da resposta do espaçamento em cruzamentos *de (Gossypium hirsutum* L.). The Pak. Cottons, 1972, vol. 16, Nr. 1, p. 95-1 04.

22. FAN Z., ROBBINS M.D., STAUB J.E. Desenvolvimento de populações por seleção fenotípica com subsequente seleção assistida por marcadores para extração de linhas em pepino (Cucumis sativus L.) Theor. Appl. Genet., 2006, vol. 112, p. 843-855.

23. FAZIO G, STAUB J.E., CHUNG S.M. Desenvolvimento e caraterização de marcadores PCR em pepino (Cucumis sativus L.). J. Am. Soc. Hort. Sci., 2002, vol. 127, p. 545-557.

24. FAZIO G., STAUB J. E. Response to phenotypic selection for multiple lateral branching in cucumber *(Cucumis sativus* L.). Cucurbit Genetics Cooperative Rpt. (Technical Research Report), 2000, vol. 23, p. 8-11.

25. FAZIO G., CHUNG S.M., STAUB J.E. Análise comparativa da resposta à seleção fenotípica e assistida por marcadores para ramificação lateral múltipla em pepino (Cucumis sativus L.). Theor. Appl. Genet., 2003, vol. 107, p. 875-883.

26. FAZIO G., STAUB J.E., STEVENS M.R. Genetic mapping and QTL analysis of horticultural traits in cucumber (Cucumis sativus L.) using recombinant inbred lines. Theor. Appl. Genet., 2003, vol. 107, p. 864-874.

27. FREDRICK L.R., STAUB J.E. Combining ability analyses of fruit yield and quality in near-homozygous lines derived from cucumber. J. Amer. Soc. Hort. Sci., 1989, vol. 114, p. 332338.

28. GEIGER H.H., MIEDANER T. Hybrid rye and heterosis. Genetics and Exploitation of Heterosis in Crops. Eds Coors J.G. et al. ASA-CSSA-SSSA, USA, 1999, p. 439-450.

29. Genética. Indica{ii metodice pentru lucrarile de laborator. Chisinau, 2003, 73 p.

30. GHADERI A., LOWER R.L. Heterosis and inbreeding depression for yield in populations derived from six crosses of cucumber. J Amer Soc Hort Sci., 1979, vol. 104, p. 564-567.

31. GLOBERSON D., GENIZI A., STAUB J.E. Inheritance of seed weight in *Cucumis sativus* (L.) var. *sativus* and var. *hardwickii* (Royle) Kiturma. Theor. Appl. Genet., 1987, vol. 74, p. 522-526.

32. GORAL H. Heterose e capacidade de combinação em Spring Triticale (x *Triticosecale*, Wittm.). Plant Breed. Seed Sci., 1999, vol. 43, p. 25-34.

33. HAYMAN, B.l. 1954a. The theory and analysis of diallel crosses. Genetics, vol. 39 p. 789-809.

34. HAYMAN, B.l. 1954b. The analysis of variance of dialled cross. Biometrics, vol. 10 p. 235-245.

35. KENNARD W.C., POETTER K., DIJKHUIZEN A., MEGLIC V., STAUB J., HAVEY M. Ligações entre RFLP, RAPD, isozyme, resistência a doenças e marcadores morfológicos em cruzamentos estreitos e largos de pepino. Theor. Appl. Genet., 1994, vol. 89, p. 42-48.

36. KIHARA H. Híbridos nucleo-citoplasmáticos e heterose nucleo-citoplasmática. Seiken Ziho, 1979, p. 5-13.

37. KNERR L.D., STAUB J.E. Inheritance and linkage relationships of isozyme loci in cucumber *(Cucumis sativus* L .). Theor. Appl. Genet., 1992, vol. 84, p. 217-224.

38. KUPPER R.S., STAUB J.E. Combining ability between lines of *Cucumis sativus* L. and *Cucumis sativus* var. *hardwickii* (R.) Alef. Euphytica, 1988, vol. 38, p.197-220.

39. LIU J., STAUB J. E. Relações entre variedades botânicas putativas de pepino. Cucurbit Genetics Cooperative Rpt. (Boletim Técnico). 1998, vol. 21, p. 1-5.

40. LOPEZ-SESE A.I., STAUB J.E., GOMEZ-GUILLAMON M.L. Análise da capacidade de combinação dos componentes do rendimento em pepino. J. Amer. Soc. Hort. Sci., 2002, vol. 127, p. 931-937.

41. LOWER R.L., NIENHUIS J., MILLER C.H. Gene action and heterosis for yield and vegetative characteristics in a cross between a gynoecious pickling cucumber inbred and a *Cucumis sativus* var. *hardwickii* linc. J Amer Soc Hort Sci, 1982, vol. 107, p. 75-78.

42. MAC KEY J. A dormência das sementes na natureza e na agricultura. Cereal Res. Commun., 1976, vol.4, Nr. 2, p.83-91.

43. MARANI, A. 1964. Heterose e capacidade de combinação para altura da planta e dados de desenvolvimento num cruzamento dialélico de duas espécies de algodão. Crop. Sci., vol. 4, Nr. 2, p. 265-268.

44. MC DANIEL R.G., SARKASSIAN I.V. Heterose mitocondrial no milho. Genética, 1973, vol. 59, Nr.4, p. 465-475.

45. MEGLIC V., STAUB J. E. Herança e relações de ligação de loci alozimáticos e morfológicos em pepino (*Cucumis sativus* L.). Theor. Appl. Genet., 1996, vol. 92, p. 865872.

46. MILLER J.F., HAMMOND J.J., ROATH W.W. Comparação de testadores imbred vs. Singlecross e estimativa dos efeitos genéticos no girassol. Crop Science, 1980, vol. 20, p. 703-706.

47. MITTON J.B., GRANT M.C. Associations among protein heterozygosity, growth rate and developmental homeostasis (Associações entre heterozigosidade proteica, taxa de crescimento e homeostase do desenvolvimento). Annu. Rev. Ecol. Syst., 1984, vol. 15, p. 479-499.

48. MLIKI A., STAUB J.E., SUN Z., GHORBEL A. A diversidade genética do pepino africano (Cucumis sativus L.) oferece potencial para o melhoramento do germoplasma. Genet. Res. Crop Evol., 2003, vol. 50, p. 461-468.

49. NARAYANAN K.K., VIRMANI S.S. Biotechnological application in the exploitation of heterosis in rice. J. Rice biotechnology quarterly. KSU, Manhattan KS 66506. junho de 1996, vol. 27, p. 26.

50. NAVAZIO J.P., STAUB J.E. Effects of soil moisture, cultivar, and post-harvest handling on pillowy fruit disorder in cucumber. J. Amer. Soc. Hort. Sci., 1994, vol. 119, p.1234-1242.

51. OMRAN, A.O., A.B. El-Ganayani e H. Jalal. Heterose e capacidade de combinação em cruzamentos entre algodão *(Gossypium hirsutum* L.) e *(Gossypium barbadense* L.). Grow. Rev, 1974, vol. 51, Nr 3, p. 192-209.

52. PALII A. Genetica. Chisinau, 1998, 352 p.

53. PETERSON C.E., STAUB J.E., PALMER M. Wisconsin 5207, uma população resistente a múltiplas doenças. HortScience, 1986, vol. 21, p. 335-336.

54. POPESCU O.V. Electroforeza proteinelor in geluri de poliacrilamida. Bucure§ti, Ed. Tehnica, 1990, 266 p.

55. REVA V., CIOBANU V., MULLER-URI F. Strategia si tactica izolarii si purificarii proteinelor. Chisinau, 2001, 184p.

56. ROBBINS M.D., STAUB J.E. Strategies for selection of multiple quantitatively inherited yield components in cucumber. Actas da 8ª Conferência Eucarpia, Cucurbitaceae 2004: Progress in cucurbit genetics and breeding research. Olomouc, República Checa, 2004, p.401410.

57. ROBERT W. Allard History of Plant Population Genetics (História da genética de populações de plantas). Ann. Rev. Genetics, 1999, vol.33, p. 1-27.

58. SAMBROOK J., Russel D.W. Molecular cloning: a laboratory manual, V. II, 3th edition, New-York, 2001.

59. SERQUEN F.C., STAUB J.E. Subestimação da deteção de QTLs quando se utilizam marcadores de genes dominantes: O caso dos RAPDs em pepino. Cucurbit Genetics Cooperative Rpt. (Technical Research Report), 1996, vol. 19, p. 13-16.

60. SERQUEN F.C., BACHER J., STAUB J.E. Mapeamento e análise de QTL de um cruzamento estreito em pepino *(Cucumis sativus* L.) usando marcadores de DNA polimórficos amplificados aleatoriamente. Molecular Breeding, 1997, vol. 3, p. 257-268.

61. SIMINEL V. Ameliorarea generala a plantelor de cimp. Chisinau, 1998, 280 p.

62. SKORIC D. Correlação entre os caracteres mais importantes do girassol na geração F1. Proc. 6th Intern. Sunflower Conf., Bucarest, Roménia, 1974, p. 271-283.

63. SMITH O.S., SMITH J.S.C., BOWEN S.L., TENBORG R.A., WALL S.J. Semelhanças entre um grupo de linhagens de elite de milho medidas pelo pedigree, rendimento de grãos F1, rendimento de grãos, heterose e RFLPs. Theor. Appl. Genet., 1990, vol. 80, p. 833-840.

64. SONGKLANAKARIN J., JOGLOY S. et al. Nodule parameters and agronomic traits in peanut. Sci. Technol., 2005, vol. 27, Nr. 2, p. 215.

65. SRIVASTAVA H.K. Interação intergenómica, heterose e melhoria do rendimento das culturas. Avanços em agronomia, 1981, vol. 34, p. 117-185.

66. STAUB J. E. Marker-assisted selection for multiple traits in cucumber (Seleção assistida por marcadores para caraterísticas múltiplas em pepino). Actas do 3º Congresso da Sociedade de Genética da Eslovénia, Bled, Eslovénia, 30 de maio a 3 de junho de 2003, p. 29-33.

67. STAUB J.E., CRUBAUGH L. Seleção de genótipos de pepino com determinação lateral múltipla. Cucurbit Genetics Cooperative Rpt. (Technical Research Report), 1995, vol.18, p. 5-6.

68. STAUB J.E., HOREJSI T. Expectativas teóricas sobre a utilização potencial de marcadores genéticos na seleção assistida por marcadores. In: Proceeding Cucurbitaceae 98 Evaluation and enhancement of cucurbit germplasm, 1998, p. 342-349.

69. STAUB J.E., GABERT A., WEHNER T.C. Proteção das variedades vegetais: Uma consideração da diferença genética. HortScience, .1996, vol. 31, p.1086-1091

70. STAUB J.E., SERQUEN F.C., HOREJSI T., CHEN J.F. Genetic diversity in cucumber (Cucumis sativus L.): IV. Uma avaliação do germoplasma chinês. Genet. Res. Crop Evol., 1999, vol. 46, p. 297-310.

71. STAUB J.E., SERQUEN F., GUPTA M. Marcadores genéticos, construção de mapas e sua aplicação no melhoramento de plantas. HortScience, 1996, vol. 31, p. 729-741.

72. STAUB J.E., BACHER J., CRUBAUGH L. Problemas associados à seleção de tipos de plantas de pepino determinado *(Cucumis sativus* L.) num contexto de múltiplos lados. Cucurbit Genetics Cooperative Rpt. (Relatório de Investigação Técnica), 1995, vol.18, p. 7-9.

73. STAUB J.E., SUN Z., CHUNG S.M., LOWER R.L. Evidência de colinearidade entre mapas de ligação genética em pepino. HortScience, 2007, vol. 42, p. 20-27.

74. STAUB J. Genetic distance and plant variety protection (Distância genética e proteção das variedades vegetais). Cucurbitaceae '94: Evaluation and enhancement of cucurbit germplasm, (Proceedings), 1994, p. 118-123.

75. STAUB J.E., KRASOWSKA A. Screening of the U.S. germplasm collection for heat stress tolerance. Cucurbit Genetics Cooperative Rpt., 1990, vol.13, p. 4-7.

76. STAUB J.E., KNERR L.D., WESTON L.A. Avaliações e respostas correlacionadas para resistência ao herbicida Chloramben em pepino. HortScience, 1991, vol. 26, p. 905-908.

77. STAUB J.E., PETERSON C.E. Comparações entre linhas consanguíneas ginóicas de pepino resistentes à murchidão bacteriana e susceptíveis, e descendência F1 para rendimento e qualidade dos frutos. HortScience, 1986, vol. 21, p.1428-1430.

78. STAUB J.E., CRUBAUGH L.K. Uso de tiossulfato de prata como ferramenta potencial para testar a estabilidade do sexo ginóico em pepino *(Cucumis sativus* L.). Cucurbit Genetics Cooperative Report 1987, vol. 10, p.18-20.

79. STAUB J.E., GRUMET R. Selection for multiple disease resistance reduces cucumber yield potential. Euphytica, 1993, vol. 67, p. 205-213.

80. STAUB J.E., KUPPER R.S. Electrophoretic comparison of six species of *Cucumis.* Cucurbit Genetics Cooperative Report, 1984, vol. 7, p. 27-30.

81. STAUB J.E., KUPPER R.S. Results of the use of *Cucumis sativus* var. *hardwickii* germplasm following backcrossing with *Cucumis sativus* var. *sativus*. HortScience, 1985, vol. 20, p. 436-438.

82. STAUB J.E., MEGLIC V. Molecular genetic markers and their legal relevance for cultigen discrimination: A case study in cucumber, HortTechnology, 1993, vol. 3, p. 291-300.

83. STAUB J.E. Crossover: Concepts and Application in Genetics, Evolution and Breeding: An interactive computer- aided laboratory manual, University of Wisconsin Press, Madison, 1994, 357 p.

84. STAUB J.E. Malate dehydrogenase variation in African *Cucumis* species: Uma hipótese genética testável. Relatório da Cooperativa de Genética de Cucurbitáceas, 1986, vol. 9, p. 18-23.

85. STAUB J.E. Preliminary yield evaluation of inbred lines derived from *Cucumis sativus* var. *hardwickii* (Royle) Kitamura. Relatório da Cooperativa de Genética de Cucurbitáceas, 1985, vol. 8, p. 18-21.

86. STAUB J.E., BALGOOYEN B., TOLLA G.E. Quality and yield of cucumber hybrids using gynoecious and bisexual pollen parents. HortScience, 1986, vol. 21, p.510-512.

87. STAUB J.E., KANE R., BRAUNSCHWEIG A.M. Differences in net apparent photosynthetic rates and chlorophyll content among and between *Cucumis anguria* var. *anguria* and var. *longipes* Meeuse. Cucurbit Genetics Cooperative Report (Technical Research Report), 1986, vol. 9, p. 24-26.

88. STAUB J.E., KUPPER R.S., WEHNER T.C. Preliminary evaluation of isozyme polymorphisms in *Cucumis.* Cucurbit Genetics Cooperative Report, (Technical Research Report), 1983, vol. 6, p. 32-34.

89. STAUB J.E., KUPPER R.S., SCHUMAN D., WEHNER T.C., MAY B. Electrophoretic variation and enzyme storage stability in cucumber. J. Amer. Soc. Hort. Sci., 1985, vol. 110, p. 426-431.

90. STEEL, R.G.D. e J.H. Torrie. "Principles and Procedures of Statistics, a Biological Approach". Segunda edição, McGraw Hill lnc Nova Iorque, Toronto, Londres, 1980, 234 p.

91. SUN Z., LOWER R.L., CHUNG S.M, STAUB J.E. Identificação e análise comparativa de loci de traços quantitativos (QTL) associados à partenocarpia em pepino de processamento. Plt. Breed, 2006, vol.125, p. 281-287.

92. WHITE, T.G. Diallel analysis of quantitatively inherited characters in *(Gossypium hirsutum* L). CropSci. 1966, vol. 6. Nr. 3, p. 253-255.

93. WHITE, T.G., e R.J. Kohel. Uma análise dialélica de caracteres agronómicos em linhas selecionadas de algodão. Crop Sci. 1964, vol.4 Nr. 3 p. 254-257.

94. WILDE P. Seleção em várias fases para a capacidade de combinação entre linhas parentais de pólen no melhoramento de centeio híbrido. Vortr. Pflanzenzuchtg, 1996, vol. 35, p. 15-25.

95. WITKOWICZ J., URBANCZYK-WOCHNIAK E., PRZYBECKI Z. Polimorfismo de marcadores AFLP em pepino *(Cucumis sativus* L.) perto de linhas isogénicas que diferem na expressão sexual. Cellular & Molecular Biology Letters, 2003, vol. 8, Nr. 2, p. 375-381.

96. ZHUANG F.Y, CHEN J.F., STAUB J.E., QIAN C. T. Taxonomic relationships of a rare Cucumis species (C. hystrix Chakr.) and its interspecific hybrid with cucumber. HortScience, 2006, vol. 41, p. 571-574.

97. ZHUANG F.Y., CHEN J.F., STAUB J.E., QIAN C.T. Avaliação das relações genéticas em espécies de Cucumis por análise SSR e RADP. Plt. Breed, 2004, vol. 123, p. 167-172.

98. ZOUROS E., FOLTZ D.W. The Use of allelic isozyme variation for the study of heterosis. Isozymes. N.Y.: Liss, 1987, vol. 13, p. 1-59.

99. AVDEEV Y.I. Heterose e sua possível consolidação entre variedades-autopolinização. Mater. Abstr. posts. Internat. Simpósio Heterose de plantas silvestres. M., 1-5 de dezembro de 1997, pp. 8384.

100. ALI-ZADE M.A., ALIYEV R.T. Heterosis and nucleic acids. Baku, 1982. 128p.

101. ANASCHENKO A.V. Helianthus annus L. - a intra-classificação e os recursos genéticos. No livro: Conferência Internacional sobre o Girassol, Dissertação de Mestrado, Krasnodar, 1976, p.75-76.

102. ANASCHENKO A.V. Métodos de regulação genética da heterose no melhoramento do girassol. Boletim. VNII cultura de plantas, 1974, Edição 40, p.39-48.

103. ANISIMOVA I.N., GAVRILYUK I. P. Heterogeneidade e polimorfismo. 11S-globulina sementes de girassol. Genetics, 1989, v. 25, № 7, p.1248-1255.

104. BORISOVA T.A. Apresenta troca de energia na respiração de células em crescimento. Autor. distribuição. Dissertação de Mestrado em Ciências Biológicas. M., 1979.

105. BREZHNEV D.D. Heterose: Teoria e prática. L., 1968, p. 128-157.

106. GARKAVY P.F. Criação de novas variedades de cevada e a importância do material VIR original. Boletim VIR, L., 1973, no. 35, pp. 47-51.

107. GILYAZETDINOV S.Y., VAHITOV V.A. e outros. Estudo de tsistrões de ARNr de plantas parentais formas de heterose plantas híbridas. BFAN URSS, 1976, p.156-167.

108. GILYAZETDINOV S.Y., ZIMNITSKY A.N. A composição da população de poli (A)-RNA em raízes de híbridos de milho heterose e suas linhas de base. Plant Physiology, 1986, v. 33, no. 4, pp. 769-777.

109. GULYAEV V.G. Genética. M., 1977. 359p.

110. GULYAEV G.V., Dubinin A.P. Breeding and Seed Production, M., Agropromizdat, 1987, 352 p.

111. DOSPEHOV B.A. Metodologia na experiência de campo. M., Agropromizdat, 1985. 350p.

112. ERMISHIN A.P., PODLISSKIH V.E., HOTYLEVA L.V. A eficácia do controlo Capacidade de combinação de variedades de batata através do teste de policruzamento. Dissertação. BSSR AS, 1990, v. 34, № 8, pp. 758-762.

113. ERMISHIN A.P., SAVCHUK A.V., KALASHNIKOVA N.V. A influência dos factores gerais e cruzamento específico na eficiência da hibridação de batatas dihaplóides. Vestsi da Bielorrússia AS i. Ser. Biyal. Navuk, 1997, № 3, pp. 37-40.

114. ZHUKOVSKY P.M. Heterose das culturas. Trabalho científico da SHI Voronezh, 1978, pp. 47-70.

115. ZHUCHENKO A.A. O papel da heterose na evolução das plantas e no seu melhoramento. Heterose de culturas. M., 1997, pp. 183-187.

116. IVANOVA O.A., KRAVCHENKO N.A. Genética. M., Kolos, 1987. 414p.

117. KEFELI V.I. O método de identificação das fitohormonas. M., 1973, p.7-21.

118. KEFELI V.I. Reguladores naturais e sintéticos na ontogénese das plantas. Resultados da ciência e tecnologia, Ser. Fisiologia Vegetal, M., VINITI, 1990, Vol 7,p.160.

119. KYRYCHENKO V.V. Bases teóricas do melhoramento do girassol e utilização prática do efeito da heterose. Dissertação do Dr. de Ciências. Em toneladas de grãos. Gosp. UAAN. D., 2002, p. 33.

120. KIRPICHNIKOV V.S. Mecanismos genéticos e evolução da heterose. Genética, 1974, v. 10, № 4, p. 165-179.

121. KONAREV A.V., KONAREV V.G., GUBAREVA N.K., T.I. PENEVA Proteínas de sementes como marcadores na resolução dos problemas de recursos genéticos vegetais, melhoramento e produção de sementes. Citologia e Genética, 2000, v. 34, № 2, pp. 91-104.

122. KONAREV V.G. Proteínas de plantas como marcadores genéticos. All-Union. Acad. Agrícola Ciências de V. I. Lenine. M., Kolos, 1983, 320 p.

123. KONAREV V.G. Aspectos bioquímicos e genético-moleculares da heterose. Chumbo. agrícola Science, 1974, pp. 1-10.

124. KONAREV V.G. Bioquímica e genética molecular da heterose. No livro: Heterose, Minsk, 1982, pp. 163-177.

125. KONAREV V.G. O tipo como sistema biológico na evolução e seleção. São Petersburgo, 1995. 177p.

126. KONAREV V.G. O princípio dos marcadores proteicos na análise genética do material de origem e de reprodução. No livro: Fisiologia vegetal como ajuda para o melhoramento. M., 1974, pp. 242-269.

127. KONAREV V.G., AHMETOV R.R., GILYAZETDINOV S.Y. Sobre a natureza da heterose e suas manifestações de acordo com a bioquímica e a genética molecular. Sat. USSR AS, 1976, pp. 5-77.

128. KONAREV V.G., GAVRILYUK I.P., GUBAREVA N.K. Marcadores proteicos de genomas de trigo e seus parentes selvagens. Relatórios VASHNIL, 1970, № 7, pp. 16-18.

129. KONAREV V.G. Aspectos biológicos moleculares da botânica aplicada, da genética e do melhoramento. M., Kolos, 1993. 447p.

130. KONAREV V.G., KAMALETDINOVA M.A., GILYAZETDINOV S.Y. Molecular-genetic abordagens à análise de material original sobre a capacidade de combinação. No livro..: Fisiologia e bioquímica da reprodução. M., Science, 1974, 124 p.

131. KOSTYSHIN S.S. Aspectos biológicos moleculares da heterose "cloroplástica" do milho. Molecular genetics and biophysics, 1984, no. 9, pp. 99-104.

132. KURSANOV A. A relação entre os processos fisiológicos nas plantas. Timiryazevskaya leitura, M., 1959.

133. LITUN P.P., VOLF V.G. Methodical recommendations on the application of mathematical methods for the analysis of experimental data to study the combination abilities. Kharkiv, 1980, p. 77.

134. MERZLYAK M.N., CHIVKUNOVA O.B., LEHIMENA L., BELEVICH N.P. Limitação e oportunidades adicionais análise espectrofotométrica de pigmentos em extractos de folhas de plantas superiores. Fisiologia Vegetal, 1996, v. 43, № 6, pp. 926-936.

135. NAUMKINA T.S. Capacidade de combinação de tipos e variedades de ervilhas (Pisum sativum L.) por qualidades simbióticas. / T.S. Naumkina, V.L. Yakovlev, T.S. Titenok / / Questões de fisiologia, melhoramento e tecnologia de cultivo. -- Orel: Orel: Orelizdat. -- 2001. p. 128-133.

136. PIVOVAROV V.F., BALASHOVA N.N. URSUL S.V. Heterose das culturas: o desenvolvimento de aspectos teóricos e aplicações práticas. Mater. Abstr., Messaging. Internat. Simpósio. Heterose de plantas agrícolas. M., 1-5 de dezembro de 1997, p. 211.

137. POLEVOY V.V. Fisiologia Vegetal. M., Ensino Médio, 1989. 464p.

138. SEMENOV O.G. Resultados e perspectivas no estudo do trigo alocitoplasmático. Os desafios e as formas de criação de culturas em zonas tropicais, subtropicais e temperadas, M: UDN.1983, pp.32-38.

139. SEMENOV O.G. Trigo alocitoplasmático. Os fundamentos biológicos da seleção, M.: Izd. de RUDN, 2000. p. 208

140. SEMIHATOVA O.A., CHULANOVSKAYA M.V. Métodos métricos manuais no estudo de plantas fotossíntese e respiração. M: Science, 1965. 345p.

141. STRUNNIKOV A.V. Aparecimento do gene compensatório: uma das razões da heterose. Geral Biology, 1974, v. 35, № 5, p.666-678.

142. STRUNNIKOV A.V. Princípios genéticos da heterose e das capacidades combinatórias. Genética, 1986, v. 22, № 2, p.229-242.

143. TURBIN N.V., HOTYLEVA L.V., Using heterosis in crop production. (Revisão), M., 1966, p.210-222.

144. TURBININ N.V., HOTYLEVA L.V., L.A. TARUTINA, Diallel Analysis in plant breeding. Minsk: Ciência e Tecnologia, 1974. 184p.

145. FEDIN M.A., Silis D.Y. Statistical methods in genetic analysis / / Moscow "Kolos", 1980, pp. 59-85.

146. Aspectos fisiológicos e bioquímicos da heterose e da homeostase vegetal. Ufa, 1976. 239p.

147. HOTYLEVA L.V., TITOK V.V. A dinâmica dos compostos contendo fósforo na germinação de sementes de milho em conexão com a heterose. Fisiologia Vegetal, 1994, v. 41, № 1, p.92 - 96.

148. SHAHBAZOV V.G. Heterose - fenómeno biológico geral. M., 1972, 32p.

149. SHAHBAZOV V.G., CHESHKO V.F.; SHERSHEVSKAYA T.S. Mechanisms of heterosis: história e situação atual deste problema. Harkov: "Basis", 1990, 119 p.

150. SHESTOPALOVA N.G. Reprodução de células em heterose. Kharkiv, 1981, p. 83.

ABSTRACT

OZDEMIR Dogan "O polimorfismo genético no aspeto da heterose em *Cucumis sativus L.*" Tese de doutoramento em Biologia, Chisinau, 2008, 105 p., 23 tab., 59 fig., 150 referências.

Palavras chave: capacidade de combinação, *Cucumis sativus L,* heterozis, polimorfismo de proteínas, RAPD-PCR.

Os aspectos funcionais da heterose nas plantas, como a fotossíntese, a respiração, a atividade enzimática, os compostos biologicamente activos, o metabolismo energético, a acumulação de compostos nutritivos e a frutificação, têm sido estudados em pormenor por bioquímicos e fisiologistas, mas muitas questões permanecem ainda por esclarecer.

Neste trabalho foram reunidos e analisados dados experimentais que caracterizam algumas combinações híbridas de *Cucumis sativus L.* com diferentes produtividades e suas formas parentais sobre o efeito da heterose após diferentes parâmetros morfológicos e fisiológicos que permitiram avaliar o polimorfismo genético dos pepinos e determinar alguns aspectos genéticos moleculares da terose.

Foram utilizadas cinco formas maternas iniciais de pepino, três linhas paternas (onde foram departamentalizadas as variedades Beregovoi e Favorit) e sete híbridos de primeira geração (F_1), onde três deles (H 273, H 274, H 275) foram de alta produtividade e os híbridos H6 e H7 - de baixa produtividade. Como controlo serviram os híbridos de primeira geração - Vzglead e Epilog.

Foi demonstrada a variabilidade de diferentes caracteres morfológicos e fisiológicos, sendo revelada a dependência entre o volume do sistema radicular e a atividade da catalase - parâmetros que influenciam a produtividade das plantas. Estabeleceu-se a dependência entre a heterose e as caraterísticas genéticas das formas parentais, bem como a sua capacidade combinatória. Foram estabelecidas as peculiaridades qualitativas e quantitativas das proteínas totais e analisado o polimorfismo genético de genótipos homo e heterozigotos de *Cucumis sativus L.,* que se correlacionaram com a produtividade e a heterose.

More
Books!

I want morebooks!

Buy your books fast and straightforward online - at one of world's fastest growing online book stores! Environmentally sound due to Print-on-Demand technologies.

Buy your books online at
www.morebooks.shop

Compre os seus livros mais rápido e diretamente na internet, em uma das livrarias on-line com o maior crescimento no mundo! Produção que protege o meio ambiente através das tecnologias de impressão sob demanda.

Compre os seus livros on-line em
www.morebooks.shop

info@omniscriptum.com
www.omniscriptum.com

OMNIScriptum

MIX
Papier aus verantwortungsvollen Quellen
Paper from responsible sources
FSC® C105338

Printed by Books on Demand GmbH, Norderstedt / Germany